Band 18 · April 1982

4

isotopenpraxis

AKADEMIE-VERLAG

ISSN 0021—1915
Isotopenpraxis, Berlin 18 (1982) 4, 121—156

EVP 9,— M
32036

An unsere Autoren

Die Zeitschrift veröffentlicht Beiträge zu folgenden Themen: Kontrolle und Analyse radioaktiver und stabiler Isotope, Anwendung radioaktiver und stabiler Isotope in allen Gebieten der Forschung und Technik, der Industrie, Landwirtschaft und Medizin, Herstellung radioaktiver und stabiler Isotope sowie von markierten Verbindungen, kernelektronische Geräte für die Isotopenanwendung (Dickenmesser, Dichtemesser u. ä.) Detektoren für isotopentechnische Arbeiten und den Strahlenschutz in Isotopenlaboratorien, Meßtechnik und Strahlenschutz, Dosimetrie in Isotopenlaboratorien, kerntechnische Geräte für die Isotopenanwendung (Beton, Bestrahlungsanlagen u. ä.), Strahlenchemie, Radiochemie, ökonomische und perspektivische Fragen, Fragen der Weiterbildung.

1. Aufnahme von Manuskripten

Zur Veröffentlichung angenommen werden nur druckreife, noch nicht anderweitig publizierte Beiträge in deutscher, englischer oder russischer Sprache zum Themenbereich der Zeitschrift und zwar

- Originalarbeiten
- Kurze Originalmitteilungen
- Aus der Praxis
- Zusammenfassende Berichte
- Tagungsberichte
- Informationen.

Sind der Beitrag oder Teile daraus bereits veröffentlicht oder ist eine anderweitige Veröffentlichung vorgesehen, so muß dies der Redaktion mit genauer Angabe der Zweitveröffentlichung mitgeteilt werden. Mit der Annahme des Manuskriptes behält sich der Verlag das Recht der Vervielfältigung, Verbreitung und Übersetzung innerhalb der gesetzlichen Schutzfrist vor. Auszugsweiser Nachdruck oder photomechanische u. a. Wiedergabe sind an eine zugsweiser Nachdruck oder photomechanische u. a. Wiedergabe sind an eine schriftliche Genehmigung des Verlages gebunden. Manuskripte, Zeichnungen und Photos von veröffentlichten Arbeiten werden nur auf den besonderen und bis zum Zeitpunkt der Veröffentlichung mitgeteilten Wunsch des Autors zurückgesandt.

Bei der unverlangten Einreichung von Manuskripten wird empfohlen, eine Befürwortung eines der Herausgeber oder Redaktionsausschußmitglieder beizufügen.

Manuskripte sind einzureichen bei der Redaktion, 1080 Berlin, Leipziger Str. 3–4

2. Form der Manuskripte

Die Autoren werden gebeten:

2 Manuskripte, eines davon in Original-Maschinenschrift, einseitig und mit 2zeiligem Abstand einzureichen; gut leserliche Photokopien sind zulässig; auf dem 1. Blatt(unter Weglassung der Bezeichnung)

- den Titel der Arbeit
- Vorname-Initialen und Namen sämtlicher Autoren
- gegebenenfalls die Institution, in der sie tätig sind
- eine kurze Zusammenfassung der Arbeit von höchstens 15 Zeilen
- Keywords in alphabetischer Reihenfolge und
- als Fußnote die Anschrift der Institution anzugeben;

wenn möglich, auf gesonderten Blättern Namen, Titel der Arbeit und Zusammenfassung in den beiden anderen obengenannten Sprachen 2fach beizufügen;

Literaturhinweise (fortlaufend numeriert), Fußnoten, Tabellen, Abbildungen (in 2–3facher Veröffentlichungsgröße), Abbildungsunterschriften (getrennt von den Abbildungen, mit Zeichenerklärungen, Quellenangaben, falls erforderlich, und gegebenenfalls mit einem Vermerk für besondere Wünsche bezüglich der Abbildungsgröße), private und Dienstanschrift der Verfasser mit akademischen Titeln und ausgeschriebenen Vornamen uaf besonderen Blättern ans Ende des Manuskriptes zu stellen;

Wünsche für den Kolumnentitel (Seitenüberschrift) bekanntzugeben;

Absätze durch Einzüge von mindestens 3 Anschlägen kenntlich zu machen; die Maßeinheiten des SI-Systems ("Systeme International") zu verwenden; Korrekturen im Manuskript unmittelbar an der zu korrigierenden Stelle anzubringen;

Formeln deutlich lesbar und möglichst groß einzutragen;

Farbabbildungen und nachträgliche Änderungen oder Ergänzungen in Abbildungen zu vermeiden;

hervorzuhebende Textstellen zu unterstreichen, und zwar halbfetten Satz mit einer geraden schwarzen Linie, kursiven Satz (Schrägschrift) mit einer blauen Wellenlinie (alle Eigennamen). Sperrungen gestrichelt;

besondere Buchstaben durch farbige Unterstreichung zu kennzeichnen, und zwar Formelzeichen in

- Griechisch-Kursiv ($\alpha, \beta, \ldots$) rot,
- Kursiv ($A, B, \ldots$) blau
- halbfetter Kursiv ($\boldsymbol{A}, \boldsymbol{B}, \ldots$) 2 Linien blau (Vektoren),
- halbfetter Grotesk ($\mathbf{A}, \mathbf{B}, \ldots$) 2 Linien violett (Tensoren);

bei Literaturangaben auf Vollständigkeit zu achten. In nachstehender Reihenfolge müssen angegeben sein:

a) bei *Zeitschriften*: Vorname-Initialen und Namen sämtlicher Autoren, Titel der Zeitschrift (nach „Periodica Chimica" oder möglichst wenig gekürzt), Bandnummer (unterstrichen), Jahreszahl (in Klammern), Heftnummer (nur bei Zeitschriften, die jedes Heft mit S. 1 beginnen) sowie die Seitenzahl, auf der die zitierte Arbeit beginnt.

b) Bei *Büchern*: Initialen der Vornamen und Name des Autors (Herausgeber werden durch den Zusatz „ed." gekennzeichnet), voll ausgeschriebener Titel des Buches in der Originalsprache, evtl. Bandnummer, voll ausgeschriebener Name des Verlages, Nummer der Auflage (außer der ersten), Erscheinungsort(e), Erscheinungsjahr (hier nicht in Klammern setzen!) und evtl. Kapitelnummer, Seitenzahl u. ä.

c) bei *Sammelbänden*, *Tagungsberichten*: Es soll zusätzlich der Titel des zitierten Beitrags angegeben werden. Die Seitenzahl muß unbedingt angegeben werden. Aus dem Zitat muß hervorgehen, ob es sich um einen Tagungssammelband oder um einen noch nicht veröffentlichten Vortrag handelt. Zwischen Tagungsort und Erscheinungsort des entsprechenden Tagungsberichts ist zu unterscheiden.

3. Korrekturen

Der Autor erhält zwei Umbruchabzüge, von denen einer möglichst schnell korrigiert an die Redaktion zurückgereicht werden soll. Auf Wunsch des Autors kann die Korrektur auch von der Redaktion gelesen werden.

Durch nachträgliche Manuskriptänderungen verursachte Korrekturkosten gehen, sofern sie 10% der Satzkosten übersteigen, zu Lasten des Autors.

Der Autor erhält 50 Sonderdrucke kostenlos. Weitere Sonderdrucke können bis zur Rückgabe der Korrekturabzüge auf Kosten des Autors bei der Redaktion bestellt werden.

Bezugsmöglichkeiten

Bestellungen sind zu richten

- **in der DDR** an den Postzeitungsvertrieb unter Angabe der Kundennummer des Bestellenden oder an den AKADEMIE-VERLAG, DDR-1086 Berlin, Leipziger Straße 3–4, PF-Nr. 1233
- **im sozialistischen Ausland** an eine Buchhandlung für fremdsprachige Literatur oder an den zuständigen Postzeitungsvertrieb
- **in der BRD und Berlin(West)** an eine Buchhandlung oder an die Auslieferungsstelle KUNST UND WISSEN, Erich Bieber OHG, D-7000 Stuttgart 1, Wilhelmstraße 4–6
- **in den übrigen westeuropäischen Ländern** an eine Buchhandlung oder an die Auslieferungsstelle KUNST UND WISSEN, Erich Bieber GmbH, CH-8008 Zürich, Dufourstraße 51
- **im übrigen Ausland** an den Internationalen Buch- und Zeitschriftenhandel; den Buchexport, Volkseigener Außenhandelsbetrieb der Deutschen Demokratischen Republik, DDR-7010 Leipzig, Postfach 160; oder an den AKADEMIE-VERLAG, DDR-1086 Berlin, Leipziger Straße 3–4

Zeitschrift „Isotopenpraxis"

Herausgeber: Im Auftrag des Akademie-Verlages herausgegeben von Prof. Dr. Justus Mühlenpfordt und Prof. Dr. Carl Friedrich Weiss†
Verlag: Akademie-Verlag, DDR-1086 Berlin, Leipziger Straße 3–4, PF-Nr. 1233; Fernruf: 2236221 oder 2236229; Telex-Nr.: 114420;
Bank: Staatsbank der DDR, Berlin, Kto.-Nr.: 6836-26-20712
Verantwortlich für den Inhalt des Heftes: Prof. Dr. H. Hübner, Leipzig
Anschrift der Redaktion (Fernruf Frau H. Schier: 6351177) der Zeitschrift Isotopenpraxis: Akademie-Verlag, DDR-1086 Berlin, Leipziger Str. 3–4, PF-Nr. 1233
Veröffentlicht unter der Lizenznummer 1527 des Presseamtes beim Vorsitzenden des Ministerrates der Deutschen Demokratischen Republik
Gesamtherstellung: VEB Druckerei „Thomas Müntzer", DDR-5820 Bad Langensalza
Erscheinungsweise: Die Zeitschrift „Isotopenpraxis" erscheint monatlich, Die 12 Hefte eines Jahrganges bilden einen Band. Bezugspreis je Band 180,– M zuzüglich Versandspesen (Preis für die DDR 108,– M) Preis je Heft 15,– (Preis für die DDR 9,– M)
Bestellnummer dieses Heftes: 1079/18/4

AN (EDV) 12831

ISOTOPENPRAXIS

Redaktion und Verlag: Akademie-Verlag, Redaktion Isotopenpraxis, 1086 Berlin, Leipziger Straße 3 – 4

Band 18 (1982) Heft 4, S. 121 – 156

Inhaltsverzeichnis

(Fortsetzung des Inhaltsverzeichnisses auf der Rückseite des 2. gelben Blattes)

ISOTOPENPRAXIS

Redaktion und Verlag: Akademie-Verlag, Redaktion Isotopenpraxis, 1086 Berlin, Leipziger Straße 3–4

Band 18 (1982) Heft 4, S. 121–156

Contents

W. Reicherdt, K.-H. Krauß

Fundamental Radiolytic Processes of Polyvinylchloride

Isotopenpraxis 18 (1982 No. 4 p. 121 to 123
4 Fig., –rTab., 9 Ref.

According to the present experimental results the luminescence mechanism of pure phthalic acid esters, used as plasticizers, is based on the recombination of ester cations with mobile electrons, causing a triplet deexcitation (phosphorescence). The omparison of the radiothermoluminescence (RTL) phenomena shows that the intense light emission of PVC-DOP-mixtures in the low temperature region is determined by the plasticizer component. In contrast a further luminescence maximum at temperatures >250 K is PVC matrix determined. An essential argument for this conclusion results from luminescence measurements of PVC without plasticizer. The RTL of PVC is obviously based not only on the recombination of electrons but also of chloride ions with polymer cations in which impurities present act als luminescence centers. The studied ionic reactions are discussed as the causes of radial formation and the radiolytic degradation of PVC.

Articles

A. A. Hafiez, A. A. Ismail, M. R. Awadeen, E. Z. Abbas, M. S. A. Farag

Thyroid Function in Young Diabetics (*in English*)

Isotopenpraxis 18 (1982) No. 4, p. 124 to 127
2 Fig., 4 Tab., 24 Ref.

Assessment of the thyroid-pituitary axis was performed in uncontrolled (20 cases) and controlled (22 cases) insulindependent young diabetics who were university students attending the university hospital. A third age-matching group (21 normal subjects) was also investigated. Fasting plasma glucose level as well as 2 hours after an oral glucose meal (50 g) were determined. Thyroxine (T_4), triiodothyronine (T_3) and thyroid stimulating hormone (TSH) were assayed by RIA. The data obtained showed a lowered level of T_3 and T_4 and a raised level in TSH level in uncontrolled young diabetics than the corresponding values for age-matching normals. The group of controlled diabetics showed near normal T_3 level and increased T_4 but still lower than normal. TSH levels dropped significantly to the normal level.

L. Mráz, N. Stollárová

^{131}I Distribution in Mice after Continuous Exposition to Ionizing Radiation of 0.39 C/kg

Isotopenpraxis 18 (1982) No. 4, p. 128 to 130
4 Fig., – Tab., 7 Ref.

The distribution of ^{131}I in mice continuously exposed to ionizing radiation of 0.013 C/kg daily dose rate to total exposition of 0.39 C/kg have been followed. Radioiodine distribution in exposed animals was compared with the distribution of this element in laboratory and field controls in intervals from 0.5 to 24 hours. The group of experimental animals was simultaneously affected by ionizing radiation and climatic conditions of the open γ-field. As a consequence of these influences decreases the metabolic activity of organs during measurement of the distribution, which can also be seen from the low level of ^{131}I in the thyroid gland. Because of the quick resorption and intensive excretion the radioiodine level in the blood is low. This fact affects the cumulation in all

Содержание

В. Рейхерт, К.-Г. Краусс

Элементарные процессы радиолиза поливинилхлорида

Isotopenpraxis 18 (1982) вып. 4, стр. 121 до 123
4 рис., – табл., 9 лит.

На основе имеющихся экспериментальных данных механизм люминесценции фталевых сложных эфиров, применяющихся как пластификаторы, основывается на рекомбинации эфирных катионов с мобильными электронами, вызывающей реакцию фосфоресценции возбуждённых частиц. Сравнение явлений радиотермолюминесценции (РТЛ) показывает, что интенсивная эмиссия света смеси ПВХ и ДОФв диапазоне низких температур определяется пластификатором. Однако следующий максимум люминесценции в системе ПВХ/пластификатор при температурах, превышающих 250 К определяется ПВХ-компонентом. Изменение люминесценции ПВХ без пластификатора свидетельствует в пользу этого вывода. Очевидно РТЛ ПВХ вызывается не только рекомбинацией электронов но и рекомбинацией хлоридионов с катионами полимера, при этом в последнем случае роль центров люминесценции играют содержащиеся в ПВХ примеси. Предполагается, что изучавшиеся ионические реакции являюся причиной оброзования радикалов и радиолиза ПВХ.

Статьи

А. А. Хафиец, А. А. Измаиль, М. Р. Авадеен, Э. Ц. Аббас, М. С. А. Фараг

Функция щитовидной железы у молодых диабетиков (*на англ. языке*)

Isotopenpraxis 18 (1982) вып. 4, стр. 124 до 127
2 рис., 4 табл., 21 лит.

На 20 неконтролируменых и на 22 контролируменых зависящих от инсулина молодых диабетиках, которые были студентами университета и обслуживались в госпитале университета, была выполнена оценка оси щитовидная железа/гипофиз. Помимо этого, осмотру подвергалась тертья группа нормальных лиц аналогичного возраста. Определился плазмаглюкозный уровень после периода постничания, и за два часа после применения через рот глюкозы (50 *гр*). С помощью РИА были анализированы тироксин (T_4), трийодтиронин (T_3) и гормоны, стимулирующие щитовидную железу (ГСЩ). Полученные по отношению к неконтролируемым молодым диабетикам данные показали повышенный по сравнению с соответствующими данными ровесников уровень ГСЩ. Группа контролируемых диабетиков показала почти нормальный уровень T_4, и повышенный уровень T_3, который однако все еще был ниже нормального значения. Уровень ГСЩ существенно снизился, т. е. до нормального значения.

Л. Мраз, Н. Столларова

Дистрибуция ^{131}I у мышей после континуального воздействия ионизирующего излучения 0,39 *С/кг*

Isotopenpraxis 18 (1982) вып. 4, стр. 128 до 130
4 рис., – табл., 7 лит.

В работе исследовалась дистрибуция ^{131}I у мышей континуально облучённых с мощностью 0,013 *С/кг* до суммарной экспозиции 0,39 *С/кг*. Дистрибуцию радиойода у облучённых животных сравнивали с дистирибуцей этого элемента у контролей из гамма поля и контролей из вивария в интервале от 0,5 до 24 часа. Группа экспериментальных животных находилась под одновремнным влиянием ионизирующего излучения и климатических условий открытого гамма-поля. Во время исследования дистрибуции вследствии этих влияний понимается метаболическая активность органов, о чем свидительствует низкий уровень ^{131}I в щитовидной железе. Уровень радиойода в крови была низкой вследствие его быстрой резорбции

Radiolytische Elementarprozesse des Polyvinylchlorids

W. Reicherdt, K.-H. Krauß

(Zentralinstitut für Isotopen- und Strahlenforschung, Bereich Strahlenforschung, der AdW der DDR)[1])

Der Lumineszenzmechanismus der reinen, als Weichmacher verwendeten Phthalsäureester beruht nach vorliegenden Versuchsergebnissen auf einer Rekombination von Esterkationen mit mobilen Elektronen, die eine Triplettdeexcitation (Phosphoreszenz) verursacht. Der Vergleich der Radiothermolumineszenz (RTL)-Erscheinungen zeigt, daß die intensive Lichtemission von PVC-DOP-Mischungen im Tieftemperaturbereich durch die Weichmacher-Komponente bestimmt wird.

Ein weiteres Lumineszenzmaximum im System PVC/Weichmacher bei Temperaturen >250 K ist dagegen PVC-matrix-determiniert. Ein wesentliches Argument für diese Schlußfolgerung ergibt sich vor allem aus Lumineszenzmessungen an Hart-PVC. Die RTL des weichmacherfreien PVC beruht offensichtlich nicht nur auf der Rekombination von Elektronen, sondern auch von Chloridionen mit polymeren Kationen, wobei enthaltene Verunreinigungen als Lumineszenzzentren fungieren. Die studierten ionischen Reaktionen werden als Ursachen für die Radikalbildung und den radiolytischen Abbau des PVC diskutiert.

Keywords

chemical radiation effects; glow curve; luminescence; plasticizers; pvc; radiolysis; recombination

1. Einleitung

Es ist bekannt, daß Polyvinylchlorid unter der Wirkung energiereicher Strahlen bei Temperaturen oberhalb 270 K einem mit HCl-Abspaltung, Polyenbildung, Kettenspaltung und Vernetzung verbundenen Abbau unterliegt, der auf einen noch nicht vollständig aufgeklärten Radikalkettenmechanismus zurückzuführen ist. Bisher kaum untersucht wurden dabei jene strahlenchemischen Elementarprozesse, in deren Ergebnis die den PVC-Abbau initiierenden Radikale gebildet werden. Wir stellten uns deshalb die Aufgabe, einen Beitrag zur Aufklärung dieser bei Normaltemperatur sehr schnell ablaufenden Prozesse zu leisten und nutzten hierbei die Radiothermolumineszenz (RTL)-Methode, mit deren Hilfe das Verhalten von radiolytisch bei 77 K gebildeten Ladungsträgern des PVC bei anschließender langsamer Erwärmung gut beobachtet werden kann.

Aus zeitaufgelösten und anderen radiolytischen Untersuchungen organischer niedermolekularer Verbindungen ist bekannt, daß neben einer schnellen, innerhalb von ca. 10^{-13} s auftretenden primären Radikaldissoziation im Ergebnis der Strahlenwechselwirkung vor allem Ionisationen und elektronische Anregungen in den bestrahlten Stoffen ausgelöst werden. Die durch Ionisation freigesetzten Elektronen und Kationen rekombinieren im allgemeinen sehr schnell noch innerhalb der Spurs unter Ausbildung energetisch hoch angeregter Teilchen, die — ebenso wie die unmittelbar elektronisch angeregten Partikel — leicht in Radikalbruchstücke zerfallen [1, 2]. Bei tiefen Temperaturen, wie z. B. 77 K, erfolgen die Neutralisationsreaktionen nur unvollständig, weil ein Teil der abgespaltenen Elektronen in Traps gebunden ist, deren Rekombination mit dem positiven Gegenion durch Zuführung von Energie, z. B. in Form von Wärme oder Licht, aktiviert wird.

Die Vorgänge lassen sich durch absorptionsspektroskopischen Nachweis der Elektronen sowie durch Leitfähigkeitsmessungen und RTL-Untersuchungen verfolgen. *Ranicar* und *Fleming* [3] konnten dabei zeigen, daß bei Weich-PVC-Mischungen, die DOP als Weichmacher enthalten, intensive RTL-Maxima bei 130 und 300 K auftreten, die auf die Neutralisation stimulierter Ladungsträger zurückzuführen sind.

An weichmacherfreiem PVC wurden analoge Beobachtungen bisher nicht gemacht. Deshalb ist nicht sicher, ob bzw. in welchem Maße das Polymere selbst am Mechanismus der radiolytisch initiierten Lichtemission beteiligt ist und welche Wechselwirkungen mit dem Weichmacher bestehen.

2. Experimentelles

Für die Untersuchungen verwendeten wir PVC-S des VEB Chemische Werke Buna sowie verschiedene o-Phthalsäureester aliphatischer Alkohole unterschiedlicher Kettenlänge (DOP, DBP, DÄP, DMP). Die Prüfung des PVC und seiner Mischungen mit Weichmachern (30 Gew.-% WM) erfolgte an thermoplastisch auf einem Walzwerk bei 443 K hergestellten, ca. 0,2 mm dicken Folien.

Die RTL-Ausleuchtkurven ermittelten wir mit der schon früher beschriebenen Apparatur [4], nachdem die Folien bzw. die Weichmacher bei 77 K in abgedunkelten *Dewar*-Gefäßen einer ^{60}Co-γ-Strahlung von $D = 1-5$ kGy (Dosisleistung = 1,1 Gy/s) ausgesetzt waren. Die Aufheizgeschwindigkeit während der Deexcitation betrug 0,05 K/s.

Die Spektralanalyse des emittierten Lichtes der Phthalate wurde mit einem Monochromator des Typs Schoeffel QPM 30 S ermittelt.

3. RTL-Verhalten der Weichmacher

Wie aus Abb. 1 ersichtlich ist, erzeugen alle untersuchten Phthalsäureester ein einziges, sehr intensives, bei 113 ± 2 K liegendes Lichtemissionsmaximum, dessen Lage nicht durch den aliphatischen Anteil der verschiedenen Weichmacher beeinflußt wird. Wir ordnen diese Lichtemission einer Rekombination von Elektronen mit Esteraktionen zu; die Bildung getrapter Elektronen bei der Tieftemperaturradiolyse der Ester konnte von uns absorptionsspektroskopisch gezeigt werden ($\lambda_{max} \sim 1100$ nm), die Entstehung

[1]) Anschrift: 7050 Leipzig, Permoserstr. 15

kationischer Estergruppierungen läßt sich aus Untersuchungen von *Nawar* [5] schlußfolgern. Der Gesamtprozeß wird durch folgende Reaktionsgleichungen beschrieben:

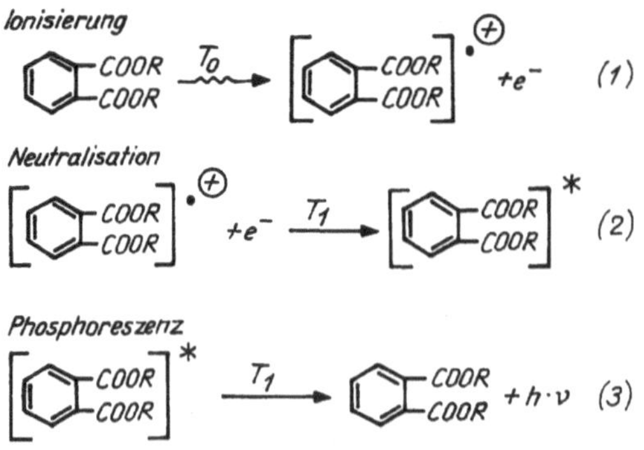

(Es bedeuten hierbei: $T_0 = 77$ K; $T_1 = 90 \dots 125$ K)

Da das Spektrum des emittierten Lichtes ein nahe 500 nm liegendes λ-Maximum besitzt (Abb. 2), ist es einer Triplett-Deexcitation zuzuordnen (Phosphoreszenz).

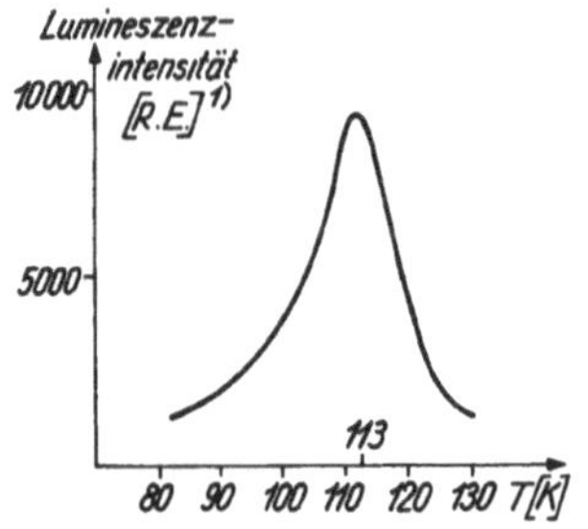

Abb. 1. RTL von o-Phthalsäureestern des Typs C_6H_4 $(COOR)_2$
R = CH_3, C_2H_5, C_4H_9, C_8H_{17}; D = 3,8 kGy; $\dot{D}$ = 1,08 Gy/s; Heizrate 0,05 K/s

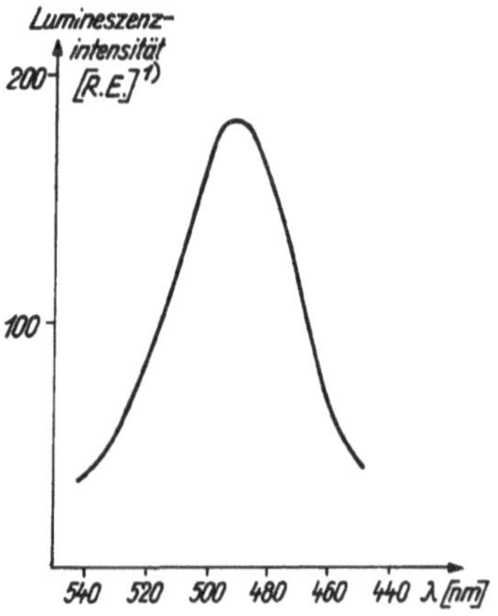

Abb. 2. Spektrum des DOP-Lumineszenzmaximums bei 113 ± 2 K
D = 5 kGy; $\dot{D}$ = 1,08 Gy/s; λ_{max} = 493 ± 5 nm

4. RTL-Verhalten des PVC und seiner Mischungen mit Weichmachern

Die RTL-Glowkurve des 30 Gew.-% Weichmacher enthaltenden Weich-PVC (Abb. 3) läßt in Übereinstimmung mit *Ranicar* und *Fleming* [6] erkennen, daß neben einem im Tieftemperaturgebiet liegenden Maximum, dessen Lage mit dem der reinen Phthalate gut übereinstimmt, ein weiterer ausgeprägter Bereich der Lichtemission oberhalb 250 K mit einem bei 300 K liegenden Maximum auftritt. Unsere an weichmacherfreien PVC-Folien durchgeführten

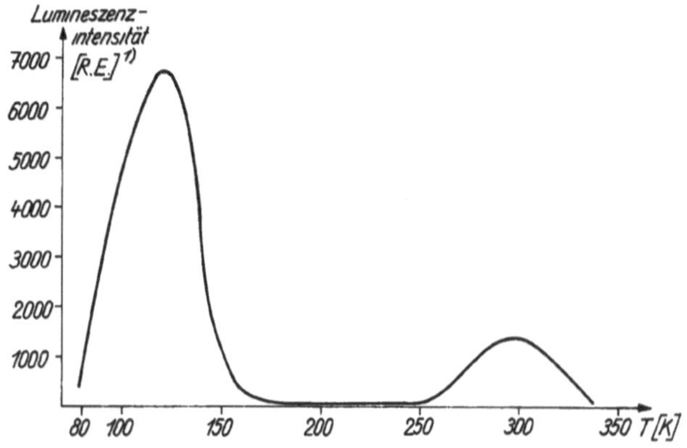

Abb. 3. RTL-Glow-Kurve eines weichmacherhaltigen PVC-Filmes
Weichmacher-Gehalt 30 Gew.-% DOP; D = 3,8 kGy; $\dot{D}$ = 1,08 Gy/s; Heizrate 0,05 K/s

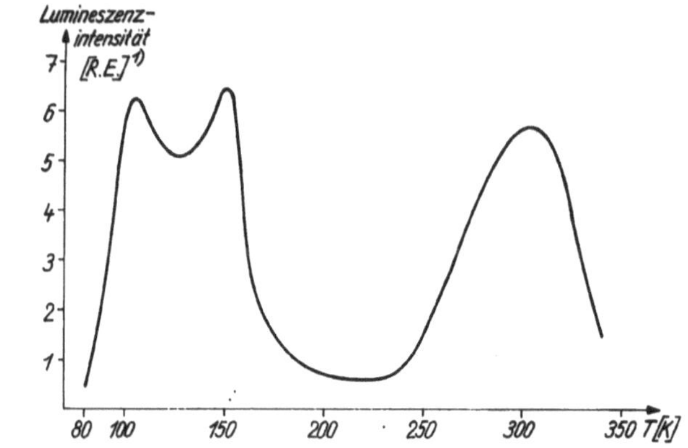

Abb. 4. RTL-Glow-Kurve von Hart-PVC (Typ S 7059 W10) nach γ-Bestrahlung
D = 3,8 kGy; $\dot{D}$ = 1,08 Gy/s; Heizrate 0,05 K/s

RTL-Untersuchungen lassen in beiden Temperaturbereichen ebenfalls Emissionsmaxima erkennen. Die dabei erreichte Leuchtintensität ist jedoch um etwa 3 Größenordnungen geringer (Abb. 4) als die des Weich-PVC.

Aus den Ergebnissen lassen sich folgende Schlußfolgerungen ziehen:

4.1. Die praktisch übereinstimmende Lage des bei 113 K liegenden Tieftemperaturmaximums der Glowkurven des Weich-PVC (Abb. 3) und der Weichmacher (Abb. 1) läßt vermuten, daß in beiden Fällen gleiche oder zumindest sehr ähnliche Ursachen der Emission vorliegen. Auch die unter Berücksichtigung des „Verdünnungsgrades" annähernd vergleichbare Leuchtintensität scheint das zu bestätigen. Wir nehmen deshalb an, daß die für die Phthalsäureester diskutierten Reaktionen (Gl. 1–3) auch beim Weich-PVC für die bei 113 K nachweisbare Lichtemission verantwortlich sind.

Da wir beim Hart-PVC jedoch ebenfalls ein Tieftemperaturmaximum — allerdings extrem niedriger Intensität — feststellten, war zu klären, ob es durch die PVC-Makromoleküle unmittelbar oder nur durch herstellungsbedingte Verunreinigungen (z.B. Reste von Suspensionsstabilisatoren oder Katalysatoren) verursacht wird. Wir reinigten deshalb das verwendete PVC sorgfältig durch Lösen in Tetrahydrofuran und Fällung mit Methanol, wobei die Trocknung im Vakuum bei 333 K erfolgte. Diese Vorbehandlung führte zu einer erheblichen Reduzierung

¹) R. E. = Relative Einheiten

der RTL-Lichtausbeuten. Wir sehen darin einen weiteren Beweis, daß die Lichtemission des Hart-PVC an die Anwesenheit von Verunreinigungen bzw. anderer Lumineszenzzentren gebunden ist.

Die Mitwirkung der PVC-Makromoleküle an den die Emission primär auslösenden Detrappingprozessen scheint dennoch, begründet durch die Leitfähigkeitsmessungen von *Ranicar* und *Fleming* [3], gegeben zu sein. Das relativ breite Tieftemperaturmaximum der Leitfähigkeitskurve deutet ebenso wie die Aufspaltung des RTL-Maximums im Tieftemperaturbereich darauf hin, daß analog dem Polyethylen [7] auch beim Hart-PVC mehrere Elektronentraptiefen existieren. Ihre Struktur ist noch weitgehend unbekannt, jedoch kann eine Beteiligung matrixgebundener polarer C-Cl-Gruppen des PVC erwartet werden. Die durch die PVC-Matrix determinierten Lumineszenzprozesse schließen somit die primär während der Bestrahlung auftretende Ionisation (Gl. 4) sowie die Ladungsneutralisation bei der thermischen Stimulierung (Gl. 5) ein, wobei der Lumineszenzmechanismus durch die Energieübertragung auf Szintillatormoleküle gekennzeichnet ist:

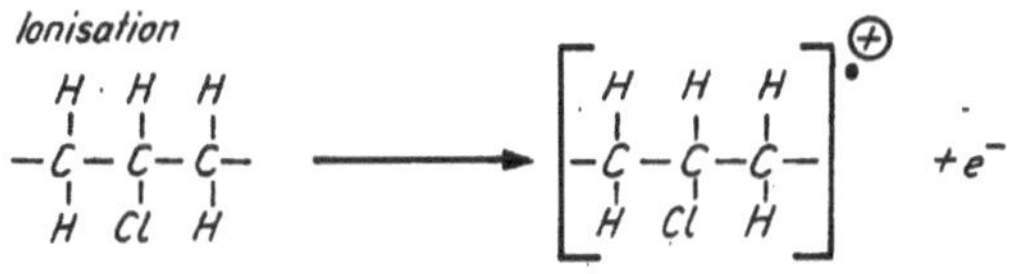

(4)

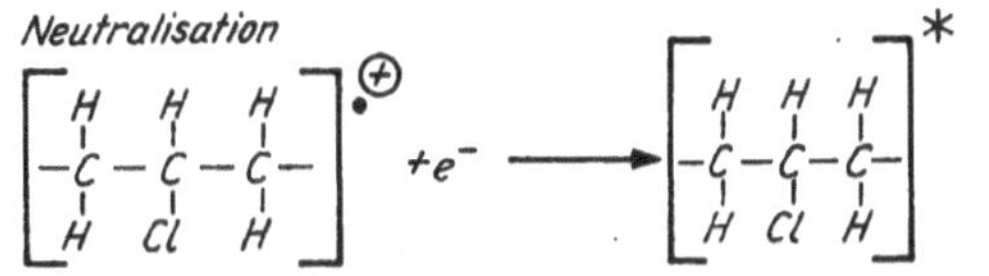

(5)

4.2. Das RTL-Maximum des PVC und seiner Weichmachermischungen bei 300 K ist durch Detrappingprozesse von Elektronen allein nicht erklärbar. Da das Maximum bei reinen Weichmachern nicht zu beobachten ist, muß es mit dem PVC in unmittelbarem Zusammenhang stehen, aber ebenfalls durch Neutralisation geladener Teilchen verursacht werden.

Berücksichtigt man die unmittelbare Nachbarschaft des RTL-Maximums zur Glastemperatur des PVC (T_g des Hart-PVC = 350 K), dann ist in dem betrachteten Temperaturbereich von 250 ... 350 K bereits eine gewisse innere Beweglichkeit des Systems (Segmentbeweglichkeit) vorhanden, die die Mobilisierung wesentlich größerer Ladungsträger ermöglicht, als es für Elektronen erforderlich ist.

Wir nehmen deshalb an, daß die bei 300 K auftretende Lichtemission durch Neutralisation von Chloridionen hervorgerufen wird, deren Bildung über den von niedermolekularen Chlorkohlenwasserstoffen her bekannten dissoziativen Elektroneneinfang [1] nach Gl. (6) erfolgt. Die erhöhte innere Beweglichkeit in der Nähe der T_g ermöglicht dann die mit der Lichtemission verbundene Neutralisation mit einem Polymerkation gemäß Gl. (7). Die Neutralisationsprozesse zwischen Cl^- und Kationen scheinen nicht nur beim PVC aufzutreten, sondern für die Radiolyse glasartiger Chlorkohlenwasserstoffe typisch zu sein [8].

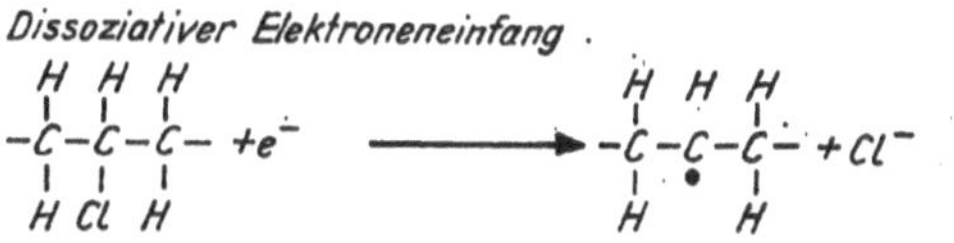

(6)

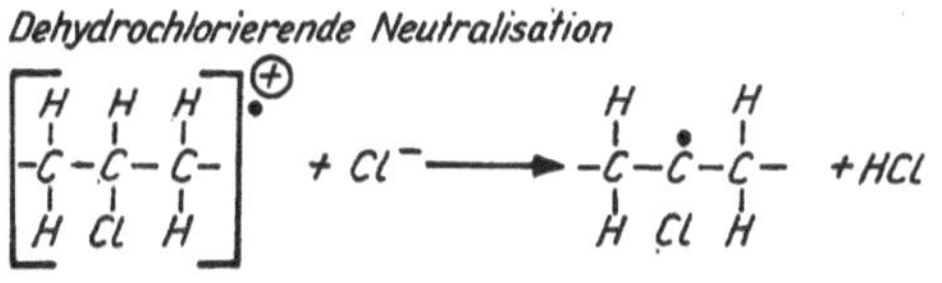

(7)

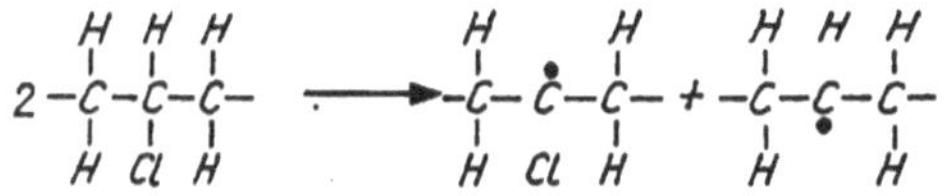
(8)

Auch die bei 300 K auftretende Neutralisation führt ebenso wie die Elektronendetrappingprozesse bei tiefen Temperaturen nur dann zur Lichtemission, wenn im PVC Lumineszenzzentren in Form von Weichmachern oder Verunreinigungen vorhanden sind. Deshalb ist der bei 300 K beobachtbare Peak bei Weich-PVC wegen der relativ hohen Weichmacherkonzentration wesentlich größer als bei Hart-PVC. Im Ergebnis der Reaktionen gemäß Gl. (4, 6, 7 und 8) bilden sich somit verschiedene Alkylradikale des PVC, die als Ursache des weiteren PVC-Abbaus bekannt und ESR-spektroskopisch nachgewiesen wurden [9].

Eingegangen am 21. 5. 1981

Literatur

[1] *A. Henglein, W. Schnabel, J. Wendenburg*, Einführung in die Strahlenchemie, Berlin: Akademie-Verlag 1969
[2] *D. Bertram, O. Brede, W. Helmstreit, R. Mehnert*, Z. Chem. **15** (1975) 125
[3] *J. H. Ranicar, R. J. Fleming*, J. Polymer Phys. Ed. **10** (1972) 1979 Sci., Polymer
[4] *V. Y. Kabanov, K.-H. Krauß, W. Reicherdt*, Z. Phys. Chem. **260** (1979) 489
[5] *N. W. Marar*, J. Agric. Food Chem. **26**, 1 (1978) 21
[6] *J. H. Ranicar, R. J. Fleming, C. A. Legge*, Austr. J. Phys. **24** (1971) 325
[7] *R. H. Partridge*, J. Chem. Phys. **52** (1970) 1277
[8] *J. Ceulemans*, J. Radiochem. Radioanalyt. Letters **22** (1975) 379
[9] *A. Bartl*, „Zur Struktur und Kinetik der strahleninduzierten freien Radikale im PVC", Diss. der AdW 1973

Originalarbeiten

Thyroid Functions in Young Diabetics

A. A. Hafiez, A. A. Ismail, M. R. Awadeen, E. Z. Abbas, M. S. A. Farag

(Biochemistry and Internal Medicine Departments, Faculty of Medicine, Cairo University, Cairo, Egypt)

Assessment of the thyroid-pituitary axis was performed in uncontrolled (20 cases) and controlled (22 cases) insulin-dependent young diabetics who were university students attending the university hospital. A third age-matching group (21 normal subjects) was also investigated. Fasting plasma glucose level as well as 2 hours after an oral glucose meal (50 g) were determined. Thyroxine (T_4), triiodothyronine (T_3) and thyroid stimulating hormone (TSH) were assayed by RIA. The data obtained showed a lowered level of T_3 and T_4 and a raised level in TSH level in uncontrolled young diabetics than the corresponding values for age matching normals. The group of controlled diabetics showed near normal T_3 level and increased T_4 but still lower than normal. TSH levels dropped significantly to the normal level.

Keywords

diabetes mellitus; insulin; men; pituitary gland; radioimmunoassay; thyroid hormones

The control of diabetic state in 12 young students by treatment with crystalline insulin was performed and T_3, T_4 and TSH levels were determined before and after control of their diabetes. T_3 rose to $1{\cdot}48 \pm 0{\cdot}17$ ng/ml and T_4 level rose to $65{\cdot}83 \pm 6{\cdot}38$ ng/ml while TSH dropped to normal level $2{\cdot}26 \pm 0{\cdot}2$ ng/ml.

These data collectively point out to the fact that thyroid gland function is impaired in young insulin-dependent diabetics and the impairment could be corrected by insulin therapy.

Introduction

The relationship between thyroid function and diabetes is not clear. It has been reported that diabetes may occur in man and animals as a result of hyperthyroidism and conversely thyroidectomy may improve preexisting diabetes [1—3]. Some investigators have reported the occurrence of hypothyroidism in diabetics [4—7] with an incidence of 0·03—1·7%. It was also claimed that reduced rate of glucose utilization as determined by intravenous glucose tolerance test was observed in hypothyroidism [8—11] and accelerated or normal rate in hyperthyroidism [8, 9, 12]. *Jackson* et al. [13] detected four of ten patients with primary hypothyroidism with diabetic glucose tolerance curves. Two of the four curves reverted to normal on thyroxine therapy. *Pittman* et al. [14] found that both thyroxine fraction and free thyroxine concentration were moderately elevated in diabetic patients and were normalized after insulin therapy. They found also that triiodothyronine concentration was lowered and increased after insulin therapy though the mean triiodothyronine concentration remained lower than in normal subjects.

The aim of this work is to study the plasma level of thyroxine (T_4), triiodothyronine (T_3) amd thyroid stimulating hormone (TSH) in insulin-dependent young diabetics, before and after control of diabetes by insulin.

Materials and methods

The first part of the study was an assessment of the thyroid pituitary axis in uncontrolled (20 cases) and controlled (22 cases) insulin-dependent young diabetics. These were university students attending the university hospital. A third age-matching group comprised 21 normal subjects was also investigated.

Fasting plasma glucose level as well as 2 hours after a 50 g oral glucose meal were determined and portion of the fasting sample was frozen at −20 °C for different hormones assay.

The second part of the study comprised 12 students who were admitted to the hospital for control of their diabetes. They were kept in the hospital and were given crystalline insulin injections 2—3 times per day till they reached a fasting level below 135 mg glucose/dl. The prescribed dose was continued for at least two weeks. Heparinized blood samples were obtained at fasting and 2 hours after a 50 g oral glucose meal before and after control of their diabetic state.

Plasma glucose levels were determined by *Tinder* method [15] as kits produced by Bio Merieux [16]. RIA assay of the different hormones were done using kits produced by the CEA Sorine France which are Tetrak-1-M-kit [17] for total thyroxine (T_4), Trik kit [18] for triiodothyronine (T_3) and TSHK kit [19] for thyroid stimulating hormone (TSH).

Results

The results obtained in this study are given in tab. 1—4 and illustrated in fig. 1 and 2.

Discussion

Our data showed that the mean value of triiodothyronine (T_3) and thyroxine (T_4) were lower in uncontrolled young diabetics than the corresponding value for the age matching normals (tab. 1 and 2 and fig. 1). On the other hand thyroid stimulating hormone (TSH) level was higher than the normal level ($P < 0{\cdot}05$).

The group of controlled diabetics (tab. 3 and fig. 1) showed near normal T_3 level, though the level of T_4 is still lower than normal mean value. The plasma TSH level was lower when compared to the level in the uncontrolled group ($P < 0{\cdot}01$) but the difference was insignificant when compared to the corresponding level in normals.

Tab. 1. Plasma glucose, T_3, T_4, T_3/T_4 ratio and TSH levels in normals

No.	Age	Plasma glucose mg/dl		T_3 ng/ml	T_4 ng/ml	T_3/T_4	TSH ng/ml
		Fasting	2 h				
1	20	80	100	1·60	85	0·019	—
2	17	85	90	0·70	54	0·013	2·50
3	23	75	90	1·30	85	0·015	2·60
4	15	90	95	0·85	85	0·010	2·80
5	18	86	100	0·80	49	0·016	—
6	20	70	75	1·30	79	0·016	1·80
7	21	70	70	1·40	86	0·016	1·70
8	25	65	70	1·70	74	0·030	2·40
9	16	90	95	1·20	77	0·016	1·65
10	19	74	72	1·35	90	0·015	—
11	20	77	70	1·60	63	0·025	2·40
12	20	68	85	1·20	110	0·011	2·70
13	23	90	93	1·15	79	0·015	2·65
14	17	64	70	0·95	70	0·014	—
15	25	73	77	1·20	76	0·016	2·40
16	18	75	70	0·85	47	0·018	1·80
17	20	80	83	0·65	67	0·010	1·70
18	18	72	90	0·95	115	0·008	2·25
19	20	70	100	1·40	64	0·022	2·10
20	25	90	97	0·95	32	0·030	2·25
21	25	85	90	1·35	75	0·018	2·00
Mean		77.57	84·86	1·16	74·38	0·017	2·22
S.D. ±		8·65	11·50	0·30	19·50	0·006	0·38
S.E. ±		1·89	2·51	0·07	4·26	0·001	0·09

Tab. 2. Plasma glucose, T_3, T_4, T_3/T_4 ratio and TSH levels in uncontrolled young diabetics

No.	Age	Plasma glucose mg/dl		T_4 ng/ml	T_4 ng/ml	T_3/T_4	TSH ng/ml
		Fasting	2 h				
1	25	315	420	0·95	47	0·020	4·20
2	24	298	355	1·90	35	0·054	3·90
3	25	295	410	1·75	44	0·040	3·55
4	19	235	300	0·95	38	0·025	3·65
5	21	327	395	0·55	35	0·016	1·85
6	25	185	190	0·45	47	0·010	1·90
7	19	210	235	0·90	53	0·017	2·30
8	22	215	218	0·95	42	0·023	—
9	25	287	425	0·90	48	0·019	1·60
10	17	189	224	0·25	46	0·005	—
11	20	380	410	1·60	52	0·031	1·25
12	20	365	423	0·45	67	0·024	—
13	18	200	280	1·10	73	0·015	3·25
14	21	190	270	1·25	65	0·019	3·25
15	25	182	260	1·20	65	0·019	3·45
16	23	130	185	1·80	54	0·033	2·70
17	17	350	510	1·60	55	0·029	3·50
18	15	257	383	1·10	67	0·017	1·70
19	23	231	245	1·00	64	0·016	—
20	18	313	436	0·45	96	0·005	1·85
Mean		257·70	328·70	1·06	54·65	0·022	2·74
S.D. ±		70·82	97·98	0·49	14·91	0·012	0·95
S.E. ±		15·84	21·91	0.11	3·33	0·003	0·24
P		<0·001	<0·001	<0·5	<0·001	<0·2	<0·05

Tab. 3. Plasma glucose, T_3, T_4, T_3/T_4 ratio and TSH levels in controlled young diabetics

No.	Age	Plasma glucose mg/dl Fasting	2 h	T_3 ng/ml	T_4 ng/ml	T_3/T_4	TSH ng/ml
1	25	130	130	1·30	37	0·035	—
2	24	95	125	2·10	86	0·024	1·50
3	25	105	115	1·55	60	0·026	0·87
4	19	130	134	1·00	33	0·030	2·60
5	21	127	130	0·95	47	0·020	2·40
6	25	128	135	2·80	110	0·026	2·40
7	19	130	135	1·15	48	0·024	2·10
8	22	115	129	1·30	63	0·021	2·70
9	25	120	125	1·60	52	0·031	2·40
10	17	95	118	1·00	60	0·017	2·75
11	20	128	130	2·15	72	0·030	1·90
12	20	120	120	0·90	82	0·011	3·25
13	20	120	132	0·45	33	0·014	—
14	18	100	115	0·95	58	0·016	—
15	20	98	115	1·30	45	0·029	0·95
16	15	125	130	0·44	37	0·012	0·98
17	22	110	123	1·40	60	0·023	0·80
18	19	117	130	0·35	47	0·007	0·95
19	25	128	134	0·75	64	0·017	1·20
20	18	88	100	1·65	70	0·024	1·35
21	20	133	135	0·95	46	0·021	2·20
22	25	97	118	0·85	65	0·013	2·70
Mean		115·41	125·36	1·22	57·96	0·021	1·90
S.D. ±		14·34	9·00	0·59	18·71	0·007	1·78
S.E. ±		3·06	1·92	1·13	3·99	0·002	0·18
P_1*)		<0·001	<0·001	<0·98	<0·01	<0·01	<0·20
P_2**)		...	...	<0·90	<0·60	<0·80	<0·01

*) Compared to normals
**) Compared to uncontrolled young diabetics

Tab. 4. Plasma T_3, T_4, T_3/T_4 ratio and TSH levels in the same diabetics (12 cases) before and after control with crystalline insulin

No.	before control T_3 ng/ml	T_4 ng/ml	T_3/T_4	TSH ng/ml	after control T_3 ng/ml	T_4 ng/ml	T_3/T_4	TSH ng/ml
1	0·95	47	0·020	4·20	1·30	37	0·035	—
2	1·90	35	0·054	3·90	2·10	86	0·024	1·50
3	1·75	44	0·040	3·55	1·55	60	0·026	0·87
4	0·96	38	0·025	3·65	1·00	33	0·030	2·60
5	0·55	35	0·016	1·85	0·95	47	0·020	2·40
6	0·45	47	0·010	1·90	2·80	110	0·026	2·40
7	0·90	53	0·017	2·30	1·15	48	0·024	2·10
8	0·95	42	0·023	—	1·30	63	0·021	2·70
9	0·90	48	0·019	1.60	1.60	52	0.031	2·40
10	0·25	46	0,005	—	1.00	60	0.017	2·75
11	1·60	52	0.031	1.25	2.15	72	0.030	1·90
12	0·45	67	0.024	—	0.90	82	0.011	3.25
Mean	0·97	46.17	0.021	2.69	1.48	62.5	0.025	2.26
S.D. ±	0·53	8.83	0.014	1.13	0.59	22.10	0.007	0·65
S.E. ±	0·15	2.55	0.004	0.38	0.17	6.37	0.002	0·20
P	—	—	—	—	<0·005	<0·025	<0.9	<0·3

N.B.: P is calculated according to the "t paired test"

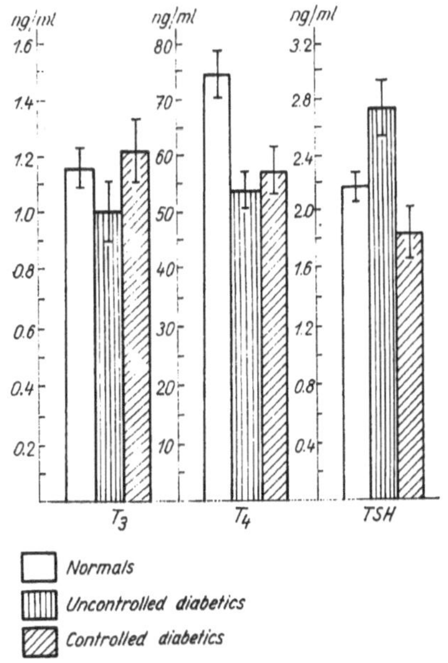

Fig. 1. Plasma T_3, T_4 and TSH levels (mean ± S.E.) in normals, uncontrolled diabetics and controlled diabetics

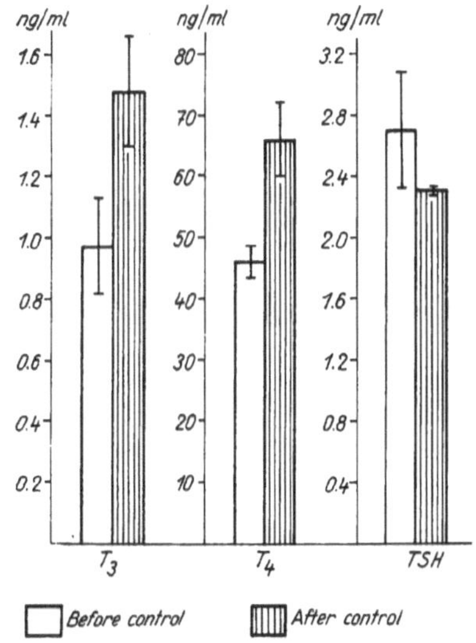

Fig. 2. Plasma T_3, T_4 and TSH levels (mean ± S.E.) in the same diabetics (12 cases) before and after control

From these data one can conclude that in poorly controlled young diabetics there is disturbed thyroid function which is not present in controlled young diabetic cases. This was further confirmed by the data obtained from the second experiment shown in table 4 and fig. 2, where proper control of diabetes by adjusting insulin requirement of each subject has brought the level of the different thyroid hormones back to near normal. T_3 level rose to $1{\cdot}48 \pm 0{\cdot}17$ ng/ml ($P < 0{\cdot}005$) and T_4 level rose to $65{\cdot}83 \pm 6{\cdot}38$ ng/ml ($P < 0{\cdot}025$), while TSH level dropped to the normal level $2{\cdot}26 \pm 0{\cdot}2$ ng/ml ($P < 0{\cdot}30$). The increase in T_4 level with concomitant drop in the TSH level after control of diabetes points to that the failure was primarily in the thyroid. This may be explained by the fact that insulin being an anabolic hormone, is required for protein synthesis, hence its deficiency leads to reduced synthesis of thyroglobulin. This point however needs further investigations.

The decrease in T_3 level in uncontrolled diabetics and its increase after control by insulin therapy could be explained by two possibilities. The first one is that the amount of T_4 available for the deiodination system that converts T_4 to T_3 is increased after control. The second possibility is that there is decrease in the rate of T_4 conversion to T_3 before control which might be due to impaired carbohydrate metabolism in diabetes, or to caloric deprivation. This is plausible as it has been reported that during caloric deprivation there is a shift in the metabolism of T_4 away from production of T_3 [20]. *Spaulding* et al., in 1976 [21] also stated that dietary carbohydrate is an important regulatory factor for T_3 production in man. Our results are in agreement with that reported by *Pittman* et al. [14], who found a lower concentration of serum T_3 in insulin-dependent diabetic patients and observed an increase in the serum T_3 levels after control by insulin therapy. They suggested that reduced amounts of T_4 are metabolized via the deiodination pathway in the insulin-dependent diabetic patients.

In this study no measurable changes could be detected in the T_3:T_4 ratio before or after control of the diabetes. This could be attributed to the concomitant decrease of both T_3 and T_4 in uncontrolled cases and their proportional increase after control of diabetes by insulin. However, *Pittman* et al. [14] found that the serum T_3:T_4 ratio was reduced in their diabetic patients and improved on insulin therapy.

Finally one can conclude that, T_4 production by thyroid gland and possibly T_4 conversion to T_3 are both impaired in uncontrolled insulin-dependent young diabetic patients and that this impairment could be corrected by insulin therapy.

Received December 30, 1980

References

[1] *B. A. Houssay*, Endocrinology **35** (1944) 158
[2] *W. M. Balfour, R. G. Sprague*, Amer. J. Med. 7 (1949) 596
[3] *A. F. Abt*, Metabolism **11** (1962) 202
[4] *D. N. Baron*, Lancet **2** (1955) 796
[5] *E. P. Joslin, H. F. Root, P. White, A. Marble*, The treatment of diabetes mellitus (10th ed.), Philadelphia, Lea & Febiger 1959, 641
[6] *A. A. Ismail, K. Khalifa, K. R. Madwar*, J. Egypt. Medic. Ass. **50** (1967) 142.
[7] *A. Hecht, H. Gershberg*, Metabolism **17** (1968) 708
[8] *R. O. Scow, J. Cornfield* Amer. J. Physiol. **179** (1954) 39
[9] *N. S. Halmi, H. Albert, D. J. Doughman, D. K. Granner, B. N. Spirtos*, Endocrinology **69** (1959) 618
[10] *H. Elrick, C. J. Hlad*, Jr., *Y. J. Arai*, Clin. Endocrinol. **21** (1961) 387
[11] *B. A. Lamberg*, Acta Med. Scand. **178** (1965) 351
[12] *I. A. Mirsky, R. H. Broh-Kahn*, Amer. J. Physiol. **117** (1936) 6
[13] *I. M. D. Jackson, C. R. M. Prentice, M. T. McKiddie*, J. Endocr. **47** (1970) 257
[14] *C. S. Pittman, A. K. Suda, J. B. Chabers, H. G. McDaniel*, Jr., *G. Y. Ray, B. K. Perston*, J. Clin. Endocrinol. Met. **48** (1979) 854
[15] *P. Tinder*, Ann. Clin. Biochem. **6** (1969) 24
[16] Glucoxy-Kit for determination of glucose bioMerieux-FRANCE
[17] Tetrak-1-M.Kit for radioimmunoassay of total thyroxine, based on solid phase method (immunosorbent). CEA-Sorine-FRANCE
[18] Trik.Kit for radioimmunoassay of triiodothyronine, based on dextran-coated charcoal method. CEA-Sorine-FRANCE
[19] TSHK.Kit for radioimmunossay of thyroid stimulating hormone, based on double antibody method. CEA-Sorine-FRANCE
[20] *A. G. Vagenakis, A. Burger, G. I. Portnay, M. Rudolph, J. T. O' Brain, F. Azizi, R. A. Arky, P. Nicod, S. H. Ingbar, L. E. Braverman*, J. Clin. Endocr. **41** (1975) 191
[21] *S. W. Spaulding, I. J. Chopra, R. S. Sherwin, S. S. Lyall*, J. Clin. Endocrinol. Metab. **42** (1976) 197

Verteilung von ^{131}I bei Mäusen nach einer kontinuierlichen Exposition mit iosierender Strahlung von 0,39 C/kg

Ľ. Mráz, N. Stollárová

(Lehrstuhl für allgemeine Biologie, Naturwissenschaftliche Fakultät der P. J. Šafárik-Universität. Košice)[1])

Es wurde die Verteilung von ^{131}I bei Mäusen verfolgt, die kontinuierlich mit ionisierender Strahlung bei einer Tages-Dosisleistung von 0,013 C/kg bis zu einer Gesamtdosis von 0,39 C/kg bestrahlt wurden. Die Verteilung des Nuklids bei den exponierten Tieren wurde mit der bei Labor- und Feldkontrollen im Zeitraum von 0,5—24 Stunden verglichen.
Auf die Gruppe der Versuchstiere wirkten gleichzeitig die ionisierende Strahlung und die klimatischen Umweltbedingungen eines offenen Gammafeldes ein. Infolge dieser Einflüsse verringert sich während der Messung der Verteilung die metabolische Aktivität der Organe, wovon auch der niedrige Radiojodspiegel in der Schilddrüse zeugt. Auf Grund der schnellen Resorption und intensiven Ausscheidung ist der Radiojodspiegel im Blut niedrig. Diese Tatsache beeinflußt die Kumulation in allen Organen. Die Differenzen in der Verteilung bei den exponierten Tieren gegenüber den Feldkontrollen sind für die durch die ionisierende Strahlung hervorgerufenen Veränderungen charakteristisch.

Keywords

biological radiation effects; distribution; iodine 131; mice; organs; radiation doses

Bei der ständig zunehmenden Anwendung von Radionukliden kann es unter Umständen gleichzeitig zu einer Kontaminierung von Organismen und einer Strahleneinwirkung durch eine äußere Strahlenquelle kommen. Für die Beurteilung der Wirkung radioaktiver Stoffe auf lebende Organismen ist das Studium der Verteilung und Migration von Radionukliden in der Biosphäre, ihrer Metabolisierung im Organismus sowie der Wirkung sämtlicher Strahlenquellen (innerer wie äußerer) auf den Organismus und auf den Verlauf wichtiger Prozesse von grundlegender Bedeutung.

Materialien und Methode

Männliche Tiere des Mäusestammes AB-Jena (Gat) aus eigener Zucht mit einem Durchschnittsgewicht von 16—20g zu Beginn des Experiments wurden 30 Tage mit ionisierender Strahlung (^{60}Co-Quelle) bestrahlt, und zwar mit einer Tages-Dosisleistung von 0,013 C/kg bis zu einer Gesamtexposition von 0,39 C/kg. Die Bestrahlung erfolgte unter Freilandbedingungen im Gammafeld. Die Mäuse wurden mit pelletierter Diät und Wasser ad libitum gefüttert und in Käfigen zu je 10 Tieren den klimatischen Bedingungen der Umwelt in den Sommermonaten ausgesetzt. Die Feldkontrollen waren etwa 40 m von der Strahlenquelle entfernt hinter einer Betonwand strahlenabgeschirmt aufgestellt. Zum Vergleich wurden auch Laborkontrollen unter den Standardbedingungen des Mäusestalls untersucht. Allen Gruppen wurde nach 24stündigem Hungern und Plummerung mit *Lugol*scher Lösung mittels einer *Hamilton*-Spritze intraperitoneal ^{131}I in Form von $Na^{131}I$ mit einer Aktivität von 37 kBq appliziert. Untersuchte Organe und Proben waren: Blut, Thymus, Lunge, Herz, Schilddrüse, Leber, Pankreas, Milz, Magen, Dünndarm, Dickdarm, Nebennieren, Nieren, Harnblase samt Inhalt, Spreu als Ausscheidungsprobe, Geschlechtsorgane und der Inhalt des Verdauungstraktes. Für die Exposition auf dem Gamma-Versuchsfeld diente eine Strahlenquelle in einem Container, die durch Fernbedienung verschiebbar auf einen Metallturm eigener Konstruktion untergebracht war. Die Proben wurden in einem NaI(Tl)-Bohrlochkristall am Gerät NZQ-615 gemessen.

Ergebnisse

Aus dem Vergleich der Verteilung von ^{131}I bei Mäusen nach einer kontinuierlichen Exposition mit ionisierender Strahlung bis insgesamt 0,39 C/kg mit der Verteilung bei den Kontrollgruppen geht hervor, daß sich dieses Nuklid trotz der Plummerung mit *Lugol*scher Lösung am meisten in der Schilddrüse bei den Laborkontrollen in der 2. und 24. Stunde kumuliert, während die Kumulation in demselben Organ bei der Versuchsgruppe um eine Größenordnung niedriger liegt (Abb. 1a). Im Blut sind die Werte ebenfalls bei den Laborkontrollen am höchsten, und zwar in der 2. bis 3. Stunde nach Verabreichung des Radiojods. Bei den Versuchstieren ist nur in der 2. Stunde eine mäßige Erhöhung zu verzeichnen (Abb. 2b). Im Inhalt des Verdauungstraktes (Abb. 2c) und dessen Organen — Magen (Abb. 2d), Dünndarm (Abb. 1d), Dickdarm (Abb. 1e), Leber (Abb. 2f) und Pankreas (Abb. 2e) — ist bei den bestrahlten Tieren eine geringere Kumulation zu verzeichnen als bei den Laborkontrollen. In den Nebennieren (Abb. 2a) weist die Verteilung bei allen untersuchten Gruppen fast gleiche Werte auf. Die Radiojodmenge in Herz (Abb. 3d), Lunge (Abb. 1c) und Nieren (Abb. 1b) der Versuchstiere unterscheidet sich von den Laborkontrollen ebenfalls durch ausgeprägt niedrigere Werte, besonders in der Anfangsphase der Messungen, d. h. von der 1. bis 3. Stunde.

Im Thymus (Abb. 3a) und in der Milz (Abb. 3c) beträgt im gesamten Meßzeitraum die Kumulation des Radiojods bei den bestrahlten Tieren etwa ein Drittel der bei den Laborkontrollen akkumulierten Menge. In den Geschlechtsorganen (Abb. 3b) war bei den bestrahlten Tieren bis zur 3. Stunde ein höherer Radiojodspiegel zu verzeichnen, was bei den Laborkontrollen noch 6 Stunden nach der Applikation des Nuklids der Fall war.

[1]) Anschrift: ČSSR, 041 67 Košice, Šrobárova 57

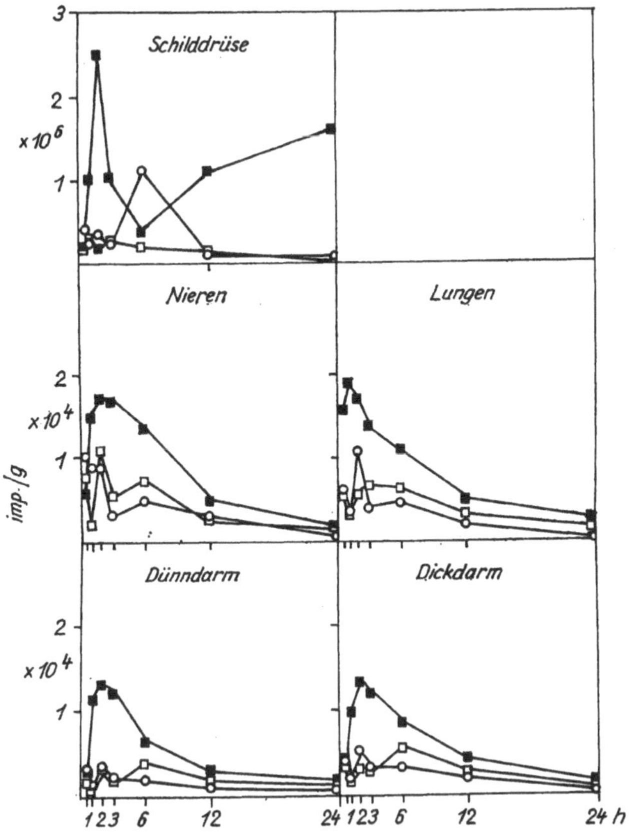

Abb. 1a–c. Verteilung von ^{131}I in den einzelnen Organen
○ – bestrahlte Gruppe; □ – Feldkontrollgruppe; ■ – Laborkontrollgruppe

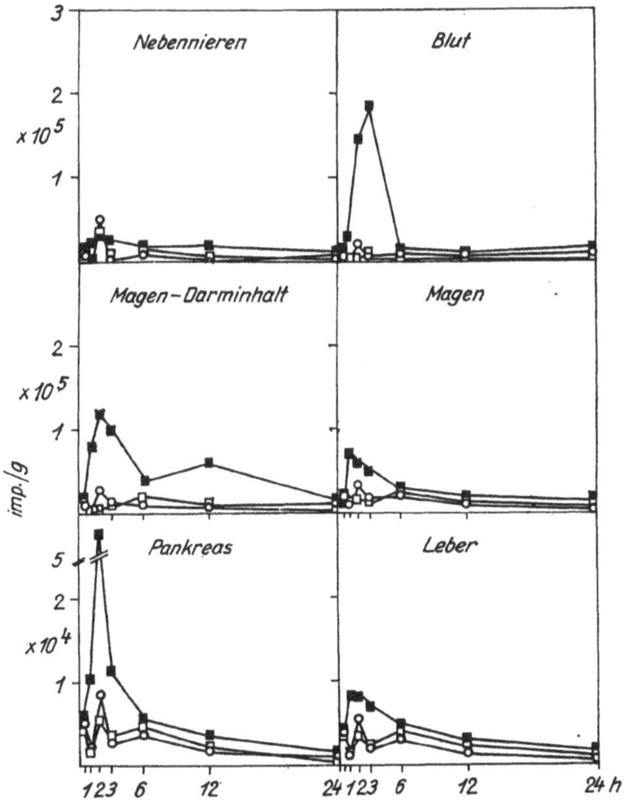

Abb. 2a–f. Verteilung von ^{131}I in den einzelnen Organen und im Inhalt des Verdauungskanals
○ – bestrahlte Gruppe; □ – Feldkontrollgruppe; ■ – Laborkontrollgruppe

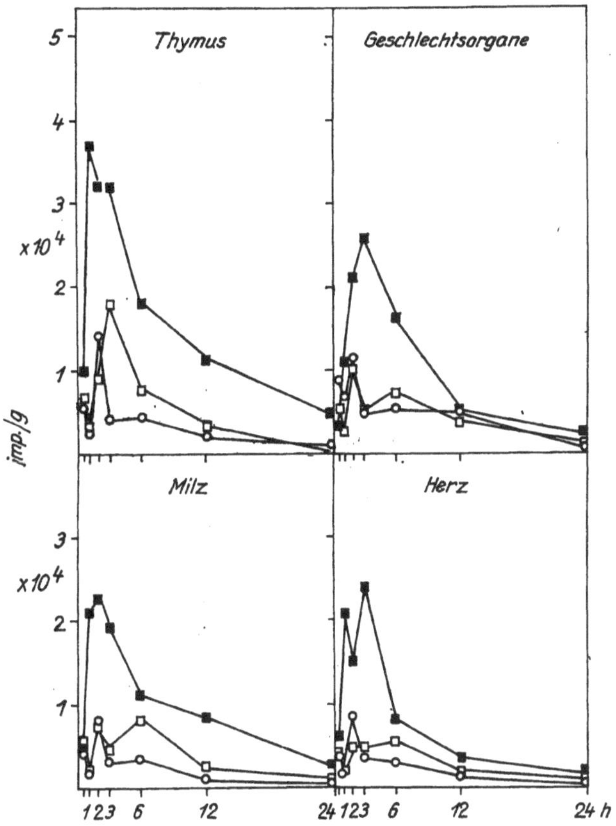

Abb. 3a–d. Verteilung von ^{131}I in den einzelnen Organen
○ – bestrahlte Gruppe; □ – Feldkontrollgruppe; ■ – Laborkontrollgruppe

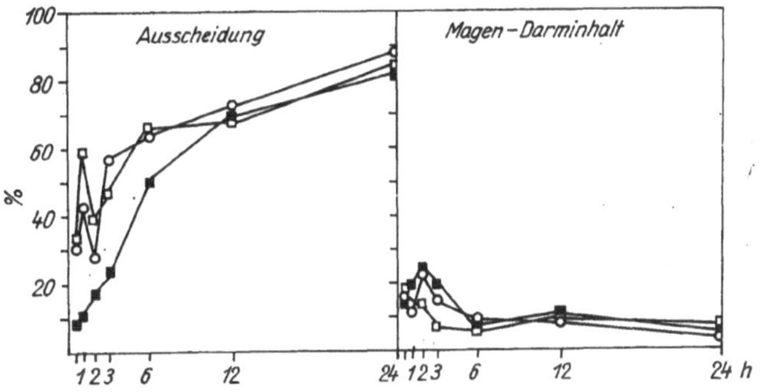

Abb. 4a–b. Gehalt von ^{131}I in den Ausscheidungen und im Inhalt des Magen-Darm-Kanals
○ – bestrahlte Gruppe; □ – Feldkontrollgruppe; ■ – Laborkontrollgruppe

Die Messungen der prozentualen Ausscheidung des Radiojods ergaben, daß die Ausscheidung bei den bestrahlten Tieren und bei den Feldkontrollen schneller verläuft, wobei 60–70% des verabreichten Radiojods bei beiden Gruppen bis zur 6. Stunde ausgeschieden werden. Bei den Laborkontrollen wird diese Menge erst bis zur 12. Stunde ausgeschieden (Abb. 4a). Im Inhalt des Verdauungstraktes ist der prozentuale Radiojodgehalt bei der Versuchsgruppe und der Laborkontrolle ähnlich, und bei der Feldkontrolle ist der Radiojodspiegel in den ersten Stunden etwas höher. Die Abbildungen zeigen gleichzeitig auch die Verteilung des Radiojods bei den Feldkontrollen. Die bei dieser Tiergruppe gemessenen Werte nähern sich mehr den Werten der Versuchsgruppe als denen der Laborkontrollen. In der Schilddrüse (Abb. 1a) wird bei den Feldkontrollen deutlich weniger Radiojod als bei den Laborkontrollen kumuliert. In den Organen des Verdauungstraktes (Abb. 1d, 1e, 2c, d, e, f) wird das Radiojod ähnlich wie bei den bestrahlten Tieren verteilt. In Herz (Abb. 3d) und Lunge (Abb. 1c) erreichen die Werte bei den Feldkontrollen zwar nicht den bei den Versuchstieren gemessenen Radiojodspiegel (in der 2. Stunde), dieser verbleibt jedoch länger bei höheren Werten als bei der experimentellen Gruppe. In Thymus (Abb. 3a) und Milz (Abb. 3c) wird mehr Radiojod kumuliert als bei den bestrahlten Tieren.

Diskussion

Die Verteilung des intraperitoneal verabreichten ^{131}I wird bei Mäusen nach kontinuierlicher Bestrahlung durch eine in beiden Richtungen erhöhte Permeabilität und eine gestörte Bindung des Elements an die Blutkomponenten beeinflußt. Die äußeren klimatischen Bedingungen und die Exposition mit ionisierender Strahlung beeinflussen den Radiojodgehalt im Blut durch eine schnelle Resorption und Ausscheidung. Bis zur 6. Stunde werden bei den bestrahlten Tieren sowie bei den Feldkontrollen im Durchschnitt 30–50% mehr Radiojod aus dem Organismus ausgeschieden als bei den Laborkontrollen. Daraus geht hervor, daß die Verteilung von ^{131}I in den einzelnen Organen vor allem durch den niedrigen Radiojodspiegel im Blut beeinflußt wird [1]. Die Unterschiede zwischen den exponierten Tieren und den Feldkontrollen sind der Wirkung der ionisierenden Strahlung zuzuschreiben, was auch in der Menge des Radiojods im Rezirkulationsanteil, der aus der Produktion der Drüsen des Verdauungstraktes stammt, zum Ausdruck kommt. Deshalb liegt bei den exponierten Tieren der Radiojodspiegel in den Organen des Verdauungstraktes in den ersten Stunden höher als bei den Feldkontrollen. Obwohl beide Einflüsse – die ionisierende Strahlung und die äußeren Klimabedingungen – zu einem verringerten Radiojodmetabolismus führen, erscheint das Nuklid – wahrscheinlich unter dem Einfluß seiner Menge im Rezirkulationsanteil – bei den bestrahlten Mäusen in erhöhter Menge in der 6. Stunde nach der Verabreichung [2–6].

Am geringsten beeinflußt die Bestrahlung die Verteilung des ^{131}I in Lunge, Herz und Nieren, wo die Verteilung hauptsächlich vom Radiojodspiegel im Blut abhängig ist.

Charakteristisch ist der Verlauf der Verteilung im Thymus und in der Milz. Der Grad der destruktiven und reparativen Veränderungen, die die Verteilung beeinflussen, betrifft gleichermaßen die myelozytäre wie auch die erythrozytäre Hämatopoese. Die Verringerung des ^{131}I-Gehalts in den genannten Organen ist nicht nur eine Folge der fortschreitenden destruktiven Veränderungen und der Funktion dieser Organe zur Zeit der Applikation des Radiojods, sondern hauptsächlich eine Folge der Störung des gesamten hämatopoetischen Apparats während der Bestrahlung, wodurch die Bindung von ^{131}I an die Blutkomponenten nicht nur qualitativ, sondern auch quantitativ beeinflußt wird [7], wie aus dem Vergleich mit den Feldkontrollen hervorgeht, bei denen die Verteilung des Radiojods auf einer höheren Konzentrationsebene verläuft.

Schlußbemerkungen

Die kontinuierliche Bestrahlung bis zu 0,39 C/kg auf dem Gamma-Versuchsfeld verursachte Veränderungen in der Verteilung von Radiojod, die aus der Einwirkung der ionisierenden Strahlung und aus dem Aufenthalt der Mäuse unter Freilandbedingungen resultieren. Der stimulierende bzw. inhibierende Einfluß der Umweltfaktoren betrifft am wenigsten die strahlenbedingten Verteilungsveränderungen im Thymus und in der Milz, wo der Radiojodspiegel niedrig ist. Myelopoetische und hämatopoetische Veränderungen verursachen einen niedrigen Radiojodspiegel im Blut sowie eine Verringerung der Anzahl der Blutkörperchen und erniedrigen auch – wegen der geringeren phagozytären Aktivität – die Kumulation in der Milz. Die Schilddrüse kumuliert das Nuklid infolge einer verringerten metabolischen Aktivität verspätet aus dem Rezirkulationsanteil.

Eingegangen am 7. 1. 1981
Überarbeitete Fassung am 7. 6. 1981

Literatur

[1] *R. Stodtmeister, H. J. Thom*, Strahlentherapie **109** (1959) 573
[2] *D. G. Baker, R. J. Mitchell, D. Coles, S. Christie*, Gastroenterology **44** (1963) 291
[3] *L. F. Lamerton, B. J. Lord*, Nat. Cancer Inst. **14** (1964) 185
[4] *S. Lesher, R. J. M. Fry, G. A. Sacher*, Exp. Cell. Res. **25** (1961) 398
[5] *S. Lesher, L. F. Lamerton, G. A. Sacher, R. J. M. Fry*, Radiat. Res. **29** (1966) 57
[6] *S. Lesher, G. A. Sacher*, Radiat. Res. **30** (1967) 654
[7] *Z. M. Bacq, P. Alexander*, Principes de Radiobiologie. Paris: Masson et Cie 1955

Binary Supported Nickel Catalysts for the Deuterium Exchange Reaction between Hydrogen and Water Vapour

F. H. Abou El-Nour,[1]) *A. Belacy*

(Nuclear Chemistry Department, Atomic Energy Establishment, Cairo, Egypt)

Nickel catalysts supported by Fe_2O_3, CuO, MnO and CeO were prepared from the corresponding metal nitrates. Chemical treatment of the catalysts was carried out at room temperature, while thermal treatment was made at 350 °C. The total surface area of the catalysts were measured by nitrogen adsorption at −195 °C using the BET-equation. The specific metallic surface area was measured by hydrogen chemisorption at liquid temperature. The activity of the catalysts as tested for the isotopic exchange reaction of deuterium between hydrogen and water vapour. The results obtained showed that Ni−Fe_2O_3, Ni−CuO and Ni−MnO catalysts exhibit catalytic activity for the deuterium exchange between hydrogen and water vapour, while the catalyst supported with CeO has no activity for such an isotopic exchange reaction.

Keywords

catalysts; deuterium; hydrogen 1; isotopic exchange; nickel; surface properties; water vapour

1. Introduction

The isotopic exchange of deuterium between hydrogen and water vapour is considered to be the main reaction for heavy water production by chemical exchange [1]. A suitable catalyst is required to accelerate the rate of this exchange reaction. Previous studies [2, 3] indicated that promoted nickel catalysts and platinum based catalysts are effective for the exchange reaction of deuterium between hydrogen and water vopour. Nickel may be supported by a single promoter to produce binary catalyst or supported by two promoters producing ternary one. Both types of supported nickel catalysts are active for the isotopic exchange of deuterium between hydrogen and water vapour [4−7]. Deactivation of these catalysts indicated that the loss in activity of the ternary catalysts is faster than that of the binary one [8]. Thus binary supported nickel catalysts are not less important than the ternary one for the chemical exchange of deuterium by such a reaction.

In the present study nickel catalysts supported with Fe_2O_3, CuO, MnO and CeO separately were prepared. Surface measurements of these catalysts were made. Their activities for the exchange reaction of deuterium between hydrogen and water vapour were tested. The results obtained for surface area and activity were compared with those studied before [4, 5, 8].

Experimental

2.1. *Preparation of catalysts*

Binary supported nickel catalysts composed of Ni−Fe_2O_3, Ni−CuO, Ni−MnO and Ni−CeO were prepared. The amount of nickel in these catalysts represents 80 mol-%. They were prepared from the corresponding metal nitrates. Chemical treatment of the catalysts was made by precipitation of the mixed metal carbonates from the nitrates. This process was followed by washing of the precipitate till the conductivity of the washing water reach that of the distilled water. The cake was then dried at about 110 °C to complete dryness and sieved to select the grain size between 0·2−0·4 mm ⌀. Calcination of the produced material was then carried out at 350 °C for several hours in nitrogen atmosphere. The product was then reduced at 320 °C for 24 hours in hydrogen atmosphere. Complete description of the preparation technique has been described elsewhere [9].

2.2. *Surface area measurements*

The total surface area of the supported nickel catalysts was measured using standard volumetric method by nitrogen adsorption at −195 °C and application of the BET-equation [10]. The equilibrium conditions of the adsorption process could be attained fairly rapidly and the successive measurements were carried out at intervals of 30 minutes to establish good reproducibility of results.

The specific metallic surface area of the catalysts was measured by hydrogen chemisorption at liquid nitrogen temperature [11−14].

2.3. *Catalytic activity measurements*

The activity of the catalysts for the isotopic exchange reaction of deuterium between hydrogen and water vapour was measured using an exchange apparatus described before [4]. In this apparatus a mixture of hydrogen (H_2) and water vapour enriched with deuterium (HDO) was passed over the catalyst in the reaction chamber at 79 °C.

The following reaction takes place on the catalyst surface:

$$HDO_{vap} + H_2 \rightleftharpoons H_2O_{vap} + HD$$

The specific catalytic activity can be calculated using the equation:

$$\text{sp. activity} = \frac{F \cdot B}{(1 + BK)\, w} \ln \frac{N_{\infty}^{HD} - N^{H_2}}{N_{\infty}^{HD} - N^{HD}} \qquad (1)$$

where F is the hydrogen flow rate, B is the partial pressure of water to that of hydrogen, K is the equilibrium constant of the reaction, w is the weight of the catalyst present in the reaction chamber, N_{∞}^{HD} is the deuterium concentration at equilibrium, N^{H_2} is the deuterium content in the initial hydrogen and N^{HD} is the deuterium concentration of the product hydrogen after exchange.

[1]) Address of correspondence: Chemistry Department, Faculty of Science, Riyadh University, Riyadh, Saudi Arabia

3. Results and discussion

3.1. *BET-measurements*

The results obtained for the total surface area and specific metallic surface area of the catalysts are given in Tab. 1.

Tab. 1. Total surface area (S_{BET}) and specific metallic surface area (S_{Me}) of supported nickel catalysts

catalyst	S_{BET} m²/g	S_{Me} m²/g Me
80 mol-% Ni/Fe_2O_3	61·30	8·21
80 mol-% Ni/CuO	69·12	10·02
80 mol-% Ni/MnO	55·54	5·71
80 mol-% Ni/CeO	57·22	2·15

The results given in Tab. 1 show that the total surface areas of the tested catalysts are more or less of the same order, while the specific metallic surface areas differ from one catalyst to the other.

3.2. *Specific activity*

A small amount of 0·25 g of the catalysts were used to calculate their activities. The hydrogen flow rate was 6 l/h ($F = 6{\cdot}86 \times 10^{-5}$ l/s). The partial vapour pressure of water to that of hydrogen (B) was calculated from the number of water molecules to that of hydrogen and found to be 0·3038. The equilibrium constant (K) at the reaction temperature of 79 °C equals to 2·834 according to the equation [15]:

$$\log K = \frac{780 - 0.6\,(T - 273)}{2.3\,RT} \tag{2}$$

The value of N_{∞}^{HD} in equation (1) was calculated from the equation:

$$N_{\infty}^{HD} = \frac{N^{H_2} + B \cdot N^{HDO}}{1 + B \cdot K} \tag{3}$$

where N^{HDO} is the deuterium concentration in water (HDO) and N^{H_2} equals to 0·015 at-% D.

The results obtained for the specific activity of the supported nickel catalysts for the exchange reaction of deuterium between hydrogen and water vapour are given in Tab. 2.

The results given in Tab. 2 show that nickel catalysts supported with Fe_2O_3, CuO and MnO exhibit catalytic activity for the exchange of deuterium between hydrogen and water vapour, while the catalyst supported with CeO has no activity.

Comparison of the results obtained for surface area and activity measurements of the supported nickel catalysts with those given before [4, 5, 8] are summarized in Tab. 3.

Tab. 3. Surface- and activity measurements of the binary supported nickel catalysts compared with those given in the literature

Catalyst	S_{BET} m²/g	S_{Me} m²/g	sp. activity mol D/s.g × 10⁵	Ref.
80 mol-% Ni/Fe_2O_3	61·30	8·21	2·29	
80 mol-% Ni/CuO	69·12	10·02	2·72	
80 mol-% Ni/MnO	55·54	5·71	1·63	
80 mol-% Ni/CeO	57·22	2·15	0·00	
80 mol-% Ni/Cr_2O_3	62·77	15·76	3·39	[5]
80 mol-% Ni/Al_2O_3	—	—	1·94	[4]
80 mol-% Ni/CoO	52·00	11·23	4·02	[8]
80 mol-% Ni/MgO	44·81	11·00	1·27	[5]

4. Conclusion

The results obtained in the present study show that the binary supported Ni/Fe_2O_3, Ni/CuO and Ni/MnO catalysts, prepared from the corresponding metal nitrates according to the mentioned method, has catalytic activity for the exchange reaction of deuterium between hydrogen and water vapour. The nickel catalyst supported with CeO has no activity for this isotopic exchange reaction.

Surface area measurements indicated that the total surface area (S_{BET}) is not a measure of the catalyst activity, while the metallic surface area (S_{Me}) is. One may safely conclude, therefore, that the reaction takes place on the surface of active nickel catalyst supported with the metal oxide.

Received December 17, 1980

References

[1] *E. H. Taylor, G. G. Joris*, Production of Heavy Water by G. M Murphy, McGraw-Hill Book Company, Inc., N.Y., 1955

[2] *F. Abou El-Nour, M. Abdel-Khalik, S. Hassan*, J. Appl. Chem. Biotechnol. **25** (1975) 725

[3] *E. Hallaba, E. Abdel-Wahab*, Z. Anorg. Chem. **388** (1972) 169

[4] *F. Abou El-Nour, H. Schütze*, Isotopenpraxis **8** (1972) 391

[5] *F. Abou El-Nour, M. Abdel-Khalik, N. Belacy, E. Hallaba*, Isotopenpraxis **13** (1977) 179

[6] *E. Hallaba, F. Abou El-Nour, E. Abdel-Wahab*, Arab Journal of Nuclear Sciences and Applications **6** (1973) 133

[7] *P. Marginean, A. Olariu*, *J. Catalysis* **8** (1967) 359

[8] *F. Abou El-Nour*, Isotopenpraxis **16** (1980) 370

[9] *F. Abou El-Nour, H. Schütze, K. Wetzel*, Patentschrift No. 87 562 DDR 1972

[10] *S. Brunauer, P. Emmett*, J. Am. Chem. Soc. **57** (1935) 1745

[11] *G. Gruber*, J. Phys. Chem. **66** (1962) 48

[12] *T. R. Hughes, R. J. Houston, R. P. Seig*, 135th Natl. Meeting, Am. Chem. Soc., Div. Petrol. Chem. April 1959, Reprint 4, c-33

[13] *L. Spendal, M. Boudart*, J. Phys. Chem. **64** (1960) 204

[14] *S. F. Adler, J. J. Keavney*, J. Phys. Chem. **64** (1960) 208

[15] *F. Abou El-Nour, N. Belacy, E. Hallaba*, Isotopenpraxis **10** (1974) 372

Tab. 2. Specific activity of binary supported nickel catalysts

catalyst	N_{∞}^{HD} at-% D	N^{H_2} at-% D	N^{HD} at-% D	sp. activity × 10⁵ mol D/s · g
80 mol-% Ni/Fe_2O_3	0·751	0·015	0·31	2·29
80 mol-% Ni/CuO	0·751	0·015	0·35	2·72
80 mol-% Ni/MnO	0·751	0·015	0·24	1·63
80 mol-% Ni/CeO	0·751	0·015	0·00	0·00

Thermodynamische Isotopieeffekte in Silikaten
Teil I. Formulierung einer Inkrementenmethode für die Interpretation und Vorhersage allgemeiner Trends bei Isotopenaustauschgleichgewichten zwischen Silikaten

G. Christoph

(Zentralinstitut für Isotopen- und Strahlenforschung der AdW der DDR, Leipzig)[1])

*Es wurden Ausdrücke für δ*X-Werte von chemischen Verbindungen AX_n für natürliche Isotopenvariationen der leichten Elemente X hergeleitet und diskutiert. Die verwendete Inkrementennäherung wird durch experimentelle Ergebnisse gerechtfertigt. Anwendungen und Grenzen der Methode werden diskutiert.*
Speziell wurde die Methode auf verschiedene Kieselsäuren und deren Salze angewendet. Die Abhängigkeiten der $\delta^{18}O$-Werte von Kettenlänge, Polykondensationsgrad, Substitutionsgrad Si/Al, Kationen- und OH^--Anioneneinfluß werden dargelegt und diskutiert. In gleicher Weise werden Trends für $\delta^{30}Si$-Werte in Silikaten abgeleitet.

Keywords

equilibrium; isotope effects; isotope ratio; isotopic exchange; light elements; silicates; thermodynamics

1. Einleitung

Mit der verstärkten Anwendung der Methoden der Isotopenforschung bei der Lösung geologischer Probleme haben sich in letzter Zeit neue Fragestellungen in bezug auf die Lage der Isotopenaustauschgleichgewichte herausgebildet. Zu diesen Fragestellungen gehört auch die Beschreibung der thermodynamischen Isotopieeffekte einer ganzen Klasse von chemischen Verbindungen unter einheitlichen Gesichtspunkten. Vom Aufbau der festen Erdkruste her stehen dabei die quantitativ häufigsten Verbindungen — die Alumosilikate — im Mittelpunkt des Interesses. Da die Isotopengeochemie interdisziplinären Charakter hat, stehen die Darstellungen von Chemikern, Physikern und Geologen heute oft noch ohne erkennbare Beziehung nebeneinander [1—5]. Es ist das Ziel der Arbeit, diese unterschiedlichen Darstellungen aus allgemeingültigen theoretischen Grundlagen herzuleiten und Querverbindungen aufzuzeigen [6, 7]. Dabei werden die verschiedenen Näherungen eingehend untersucht, die notwendig sind, um zu einfachen, praktisch handhabbaren Formeln und Relationen zu kommen, mit denen der Experimentator seine Ergebnisse auswertet.

Im vorliegenden Teil I geht es primär um grundsätzliche Abhängigkeiten bei Isotopenaustauschgleichgewichten. Im Teil II werden diese allgemeinen Relationen benutzt, um Aussagen über geologisch interessante Systeme zu gewinnen.

2. Allgemeine Theorie

Die Berechnung der Gleichgewichtskonstanten und des Isotopenverteilungskoeffizienten α für den vollständigen Isotopenaustausch zweier Moleküle AX_n und $B{*}X_m$ in bezug auf das leichte Isotop X und das schwere Isotop *X,

$$mAX_n + nB{*}X_m \rightleftharpoons mA{*}X_n + nBX_m \qquad (1)$$

ist im allgemeinen Falle ($m, n \geq 2$) ein kompliziertes Problem, da sich die Bilanzgleichung (1) additiv aus einer Vielzahl von Gleichungen für den atomaren Austausch ergibt und zur Bestimmung von α die unterschiedlichen Isotopenverteilungen berücksichtigt werden müssen.

Bei den leichten Elementen des Periodensystems liegen die natürlichen Isotopenverteilungen so, daß das leichte Isotop das dominante Isotop darstellt. Bei diesen Elementen gilt sogar meist

$$\frac{[{*}X]}{[X]} \ll 1 \qquad (2)$$

Die Konzentration von Molekülen, die mehrfach das schwere Atom *X enthalten, ist deshalb gegen die Konzentration der Moleküle zu vernachlässigen, bei denen unter allen X-Atomen jeweils nur ein einziges X-Atom durch das schwere *X-Atom substituiert wurde. Unter der Bedingung (2) erhält man dann einen sehr einfachen Ausdruck für den atomaren Isotopenverteilungskoeffizienten α:

$$\alpha_{\text{theor.}} = \frac{\frac{1}{n}\sum_{i=1}^{n} \beta_i(AX_n)}{\frac{1}{m}\sum_{k=1}^{m} \beta_k(BX_m)} = \frac{\beta_{\Sigma(AX_n)}}{\beta_{\Sigma(BX_m)}} \qquad (3)$$

$\alpha_{\text{theor.}}$ ist nach Gl. (3) der Quotient des arithmetischen Mittels β_Σ gewisser sog. β-Faktoren β_i, $i = 1 \ldots n$ bzw. m, die zu den Molekülen mit n bzw. m Atomen X gehören. Im Falle des idealen Gases sind die β_i mit den reduzierten Zustandssummenverhältnissen identisch, bei denen das i-te der n Atome X durch das schwere Isotop *X ersetzt wurde. Dem theoretischen Ausdruck (3) steht der experimentell meßbare Ausdruck (4)

$$\alpha_{\text{exp.}} = 1 + (\delta^*X_{AX_n} - \delta^*X_{BX_m}) \qquad (4)$$

gegenüber, bei dem — wegen der Differenzbildung — der Bezugsstandard bzgl. δ*X keine Rolle spielt, vorausgesetzt, beide δ*X-Werte werden gegenüber dem gleichen Standard gemessen. Die β_i sind rein temperaturabhängige Größen, die sich (Wasserstoff ausgenommen) nur wenig von 1 un-

[1]) Anschrift: 7050 Leipzig, Permoserstraße 15

terscheiden. Das Verhalten für hohe Temperaturen T hat den prinzipiellen Verlauf (ideale Gase)

$$\beta_i = 1 + \frac{C_i}{T^2}; \qquad C_i = \text{const.} > 0 \tag{5}$$

während allgemein

$$\ln \beta_i = \frac{C_{it}}{T} + \frac{C_{ih}}{T^2}; \qquad C_{in}, C_{it} \text{ Konstanten} \tag{6}$$

ein geläufiger Ausdruck für einen größeren Temperaturbereich ist. Für nicht zu tiefe Temperaturen gilt stets

$$|\beta_i - 1| \ll 1, \qquad \text{d. h.} \qquad |\beta_\Sigma - 1| \ll 1 \tag{7}$$

woraus sich nach Entwicklung von Gl. (3) bis zur 1. Ordnung der kleinen Größe $(\beta_\Sigma - 1)$

$$\alpha_{\text{theor.}} = 1 + (\beta_{\Sigma(AX_n)} - 1) - (\beta_{\Sigma(BX_m)} - 1) \tag{8}$$

ergibt. Ein Vergleich von Gl. (4) und Gl. (8) liefert die Beziehung

$$\delta^*X_{AX_n}(T) = \beta_{\Sigma(AX_n)} - 1 + C(^*X) \tag{9}$$

Die Konstante $C(^*X)$ ist dabei willkürlich, in der gleichen Weise wie — je nach Standard — δ^*X_{exp} mit einer gewissen Willkür behaftet ist. Geologisch ausgedrückt ist $C(^*X)$ die natürliche Isotopenvariation der Muttersubstanz, aus der die AX_n- und BX_m-Moleküle hervorgegangen sind, bezogen auf den Standardzustand bei der $\delta^*X_{AX_n}(T)$-Messung. Die Beziehung (9) ist außer den gemachten Voraussetzungen (Dominanz eines Isotops, Ausschluß von Wasserstoff und nicht zu tiefe Temperaturen) keinen weiteren Bedingungen unterworfen. Die Voraussetzungen können sehr gut für Sauerstoff, $[^{18}O]/[^{16}O] \approx 0{,}002$, und mäßig gut für Silizium, $[^{30}Si]/[^{28}Si] \approx 0{,}03$, oberhalb der Zimmertemperatur erfüllt werden.

Galimov [8] hat bei der Analyse einer Vielzahl berechneter Zustandssummenverhältnisse für Kohlenstoff empirisch festgestellt, daß die β_i näherungsweise durch

$$\beta_i = 1 + G_i(X, T) \tag{10}$$

dargestellt werden können, wobei $G_i(X, T)$ davon abhängig ist, in welcher Form das betreffende Kohlenstoffatom im Molekül gebunden ist. Er gibt Näherungsformeln zur Bildung der G_i aus Bindungsinkrementen von isolierten Bindungen des C-Atoms zu seinen nächsten Liganden an.

Um Aussagen über ein Klasse chemisch ähnlicher Verbindungen zu ermöglichen, wollen wir eine analoge Rahmenannahme für eine beliebige Stoffklasse machen:

Die $G_i(X, T)$ hängen lediglich davon ab, in welcher Form das i-te Atom X in AX_n gebunden ist.

Die so definierten G_i wollen wir Inkremente nennen. Die Rahmenannahme ist beim praktischen Arbeiten für die betreffenden Stoffklassen und Isotopieeffekte jeweils zu modifizieren.

Die Rahmennahme führt bei großen Molekülen zu einer starken Reduzierung der ursprünglich auftretenden n β-Faktoren β_i auf $n''\beta_j$-Faktoren $(n'' < n)$, wodurch sich der thermodynamische Isotopiefaktor $\beta_{\Sigma(AX_n)}$ vereinfacht:

$$\beta_{\Sigma(AX_n)} = \frac{1}{n}\sum_{i=1}^{n} \beta_i = \sum_{j=1}^{n''} x_j \beta_{j(AX_n)} \tag{11}$$

mit

$$\sum_{j=1}^{n''} x_j = 1 \tag{12}$$

wobei x_j die zu den β_j gehörigen Molenbrüche der Inkremente $G_j(X, T)$ im Gesamtmolekül sind. Sie werden ermittelt, indem man einfach anhand der Struktur eines Moleküls die Zahl der Bindungstypen G_j abzählt und durch die Gesamtzahl der auftretenden X-Atome dividiert.

Die Reduzierung der β-Faktoren führt zweifellos zu einer Vergröberung der Aussagen über die Isotopieeffekte, weshalb die resultierenden Schlußfolgerungen nur Richtungsaussagen liefern können. Insbesondere schränkt die Rahmenannahme Aussagen über innere Isotopieeffekte ein. Da in den meisten experimentellen Anordnungen die inneren Isotopieeffekte jedoch ohnehin nicht gemessen werden können, der Inkrementenansatz aber den empirisch bekannten sog. chemischen Index gewisser Stoffklassen erklären kann, hat die Inkrementenmethode — zumindest aus der Sicht des Experimentators — für globale Aussagen über ganze Stoffklassen ihre Vorteile. Viele empirische Ergebnisse lassen sich durch folgende zwei allgemeine Folgerungen aus dem Inkrementenansatz für die β_i bestätigen.

Setzen wir in Gl. (9) die Beziehung (11) mit dem Ansatz (10) ein und verwenden zusätzlich in Analogie zu den Näherungen (5) und (6) den Ansatz

$$G_i(X, T) = \frac{g_i(X)}{T^\varkappa} \tag{13}$$

($\varkappa = 2$ für hohe Temperatur; $g_i(X)$ = Konstante, die nur vom Inkrement i bei *X-Substitution abhängt), dann ergibt sich

$$\delta^*X_{AX_n}(T) = \frac{1}{T^\varkappa}\Big(\sum_j x_j(X)\, g_j(X)\Big) + C(^*X) \tag{14a}$$

bzw. nach Herausziehen eines beliebigen $g_e(X)$

$$\delta^*X_{AX_n}(T) = \frac{g_e(X)}{T^\varkappa}\left(1 + \sum_j x_j \frac{g_j(X) - g_e(X)}{g_e(X)}\right) + C(^*X) \tag{14b}$$

In der Form (14b) sind verschiedene empirische Ansätze bekannt, so etwa die Beziehung von *Garlick* [2] in bezug auf die $^{18}O/^{16}O$-Isotopieeffekte der Alumosilikate. Dabei sind $\frac{g_e(X)}{T^\varkappa} = K(T)$ eine rein temperaturabhängige Funktion und

$$I(x_j) = 1 + \sum_j x_j \frac{g_j(X) - g_e(X)}{g(X)}$$

der chemische Index, der nur von der Zusammensetzung des betreffenden Moleküls abhängt.

Eine zweite Folgerung betrifft eine Relation zwischen unterschiedlichen Isotopieeffekten im gleichen Molekül. So könnten wir in bezug auf den A-Isotopieeffekt in AX_n in Analogie zu Gl. (14a) den folgenden Ausdruck aufschreiben:

$$\delta^*A_{AX_n}(T) = \frac{1}{T^\varkappa} g(A) + C(^*A) \tag{14c}$$

Auflösen von Gl. (14c) nach $1/T^\varkappa$ und Einsetzen in Gl. (14a) liefert dann

$$\delta^*X_{AX_n}(T) = \frac{g(X)}{g(A)}\,\delta^*A_{AX_n}(T) + \frac{g(A)\,C(^*X) - g(X)\,C(^*A)}{g(A)} \tag{15}$$

also eine lineare Beziehung zwischen $\delta^*X_{AX_n}(T)$ und $\delta^*A_{AX_n}(T)$, deren Anstieg allein von den molekularen Isotopieparametern abhängt. Der Absolutwert ist von den Konstanten $C(^*X)$ und $C(^*A)$ abhängig. Auch solche lineare Beziehungen entsprechen dem empirischen Material (*Dansgard*-Gerade).

Aus den experimentellen Abhängigkeiten folgt, daß das vorgestellte Verfahren für globale Aussagen über thermodynamische Isotopieeffekte ganzer Stoffklassen geeignet ist. Es enthält zwei grundlegende Aufgaben:

- die Auswahl näherungsweise unabhängiger Untersysteme (Inkremente) und die Konstruktion aller Moleküle aus diesen Untersystemen
- die Berechnung der Zustandssummenverhältnisse für diese Untersysteme.

Die erste Aufgabe, ein algebraisches und kombinatorisches Problem, liefert bei festgehaltener Temperatur das grundsätzliche Verhalten des Isotopieeffektes einer Stoffklasse in Abhängigkeit von der konkreten chemischen Zusammensetzung. Große Untersysteme führen zu komplizierten, unpraktikablen, aber genauen Relationen für den Gang der Isotopieeffekte. Kleine Untersysteme liefern einfache und praktikable Beziehungen, jedoch nicht sehr genaue Ergebnisse (Richtungsaussagen).

Die zweite Aufgabe betrifft die Berechnung der in den allgemeinen Relationen enthaltenen temperaturabhängigen Koeffizienten. Diese Koeffizienten setzen sich aus den Zustandssummenverhältnissen der isotopensubstituierten Untersysteme zusammen. Ihre Berechnung erfordert deshalb die Kenntnis mikroskopischer Daten.

Liegen keine ausreichenden theoretischen und experimentellen Kenntnisse über die Untersysteme vor, so paßt man die Koeffizienten als Funktion der Temperatur an die experimentellen Isotopenvariationen an. Dieses Vorgehen ist für die semiempirischen Theorien charakteristisch [2, 3, 5, 6].

Liegt ausreichendes experimentelles Material über das IR-Verhalten der Untersysteme vor, so lassen sich die Zustandssummen korrekt berechnen. De facto ist dieser Tatbestand jedoch nicht erfüllt. Meist sind nur wenige Frequenzen bekannt, so daß die Zustandssummenverhältnisse zu ungenau werden.

Liegt keinerlei experimentelles Material vor, ist man genötigt, sich entsprechende Kenntnisse über die Quantenchemie zu verschaffen. Die mit den heutigen quantenchemischen Verfahren berechneten Moleküldaten weichen mitunter erheblich von den experimentell festgestellten ab. Die auf quantenchemischer Grundlage berechneten Zustandssummen sind deshalb in ihrer absoluten Genauigkeit zurückhaltend zu beurteilen. Die Quantenchemie bietet aber die einzige Möglichkeit, überhaupt zu Aussagen zu kommen, wenn weder IR-Messungen noch experimentelle Isotopenanreicherungen bekannt sind.

3. $^{18}O/^{16}O$-Isotopieeffekte in Silikaten

Der experimentelle Tatbestand zeigt, daß die Siliziumchemie gewisse Ähnlichkeiten mit der Kohlenstoffchemie aufweist. Die tetraedrische 4-Bindigkeit des Siliziums in den Kieselsäuren und die primär in der Natur vorhandenen Makromoleküle, die sich durch Polykondensation der Orthokieselsäure H_4SiO_4 unter Wasserabspaltung gebildet haben, legen es deshalb nahe, die für Kohlenstoffisotopieeffekte so erfolgreiche Inkrementenmethode auch für Siliziumverbindungen anzuwenden. Wir wollen uns zuerst mit den $^{18}O/^{16}O$-Isotopieeffekten befassen. Zur Beschreibung der Sauerstoffisotopieeffekte in Kieselsäuren und deren Salzen, den Silikaten, müssen wir die Rahmenannahme in bezug auf die Inkremente G_i spezifizieren. Dabei machen wir zunächst die einfache Spezialannahme:

Die Inkremente G_i hängen nur von den unmittelbar direkt gebundenen Atomen ab.

Danach ist es ausreichend, folgende β_j-Faktoren zu verwenden:

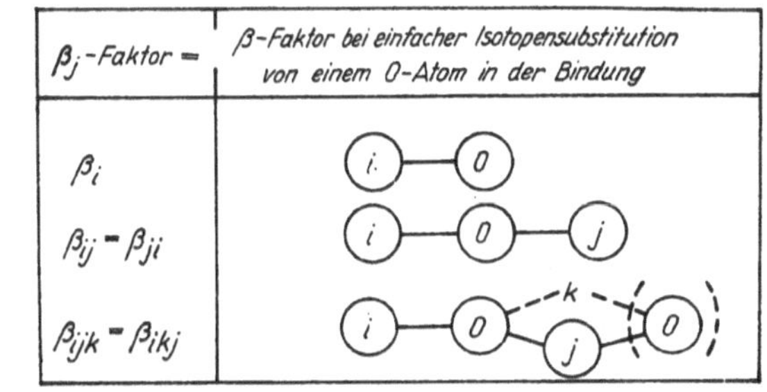

Die Größen β_i und β_{ijk} sind dabei Modifikationen von β_{ij}, je nachdem ob die O-j-Bindung vernachlässigt werden kann oder zusätzlich ein Atom k an das O-Atom gebunden wird. Im folgenden werden wir uns auf Derivate der Orthokieselsäure und ihrer Polykondensate $(H_mSi_4O_n)_\infty$ beschränken:

Kieselsäure		n	$m = 2n - 16$
Orthokieselsäure		16	16
Ketten	Strukturen	12	8
Bänder	Strukturen	11	6
Blätter	Strukturen	10	4
Raumnetz	Strukturen	8	0

Aus der Struktur der Kieselsäuren (Abb. 1) ergibt sich, daß zur Beschreibung der O-Isotopieeffekte folgende β-Faktoren nötig sind:

Kieselsäuren: β_{SiSi}, β_{SiH}
Y-Kieselsäuren: β_{SiSi}, β_{SiH}, β_{SiY}, β_{YH}

Als Y-Kieselsäuren sollen dabei die Kieselsäuren bezeichnet werden, bei denen gewisse Si-Atome durch Y-Atome oder Y-Ionen ersetzt wurden, d. h. $(H_mY_rSi_{4-r}O_n)_\infty$, z. B. Y = Al. Die zugehörigen Salze, bei denen der Wasserstoff durch Kationen ersetzt wird und die durch Y zu-

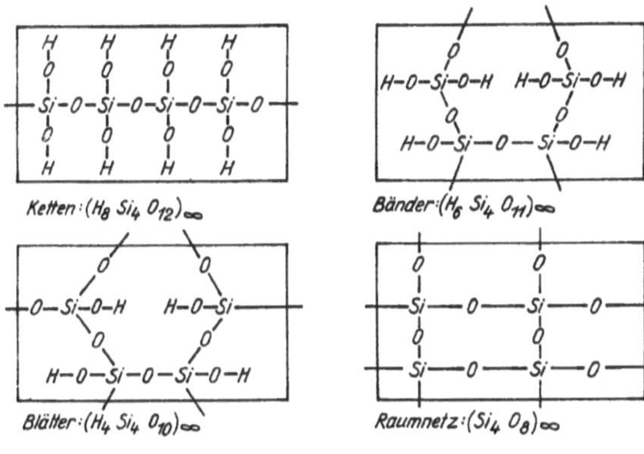

Abb. 1. Struktur der Polykieselsäuren $(H_mSi_4O_n)_\infty$

Tab. 1. Thermodynamische Isotopiefaktoren β_Σ

Nr.	Verbindung	β_Σ
1	$(H_{8+(8/l)}Si_4O_{12+(4/l)})_{1/4}$ endlich lange Kette mit $l \geqq 1$ Si-Atomen	$\beta_{SiSi} - \frac{8}{12}(\beta_{SiSi} - \beta_{SiH}) - \frac{4}{3(3l+1)}(\beta_{SiSi} - \beta_{SiH})$ $= \beta_{SiH} + \frac{l-1}{3l+1}(\beta_{SiSi} - \beta_{SiH})$
2	$(H_mSi_4O_n)_\infty$ Polykieselsäuren	$\beta_{SiSi} - \frac{m}{n}(\beta_{SiSi} - \beta_{SiH}) = \beta_{SiM} + \left(1 - \frac{m}{n}\right)(\beta_{SiSi} - \beta_{SiH})$
3	$(Y_{4/k}Si_{4-(4/k)}O_8)_\infty$ Y-Silikatanion ($k \geqq 2$) des Raumnetzes	$\beta_{SiSi} - \frac{2}{k}[(\beta_{SiSi} - \beta_{SiY})]$ jedes k-te Si-Atom ist durch ein Y-Atom ersetzt
4	$(Z_{4/k}Y_{4/k}Si_{4-(4/k)}O_8)_\infty$ Y-Silikat des Raumnetzes	$\beta_{SiSi} - \frac{2}{k}[(\beta_{SiSi} - \beta_{SiY}) - (\beta_{SiYZ} - \beta_{SiY})]$
5	$(H_mY_rSi_{4-r}O_n)_\infty$ Y-Kieselsäuren	$\beta_{SiSi} - \frac{m}{n}(\beta_{SiSi} - \beta_{SiH}) - \frac{r}{2}\left[\left(1 - \frac{m}{n}\right)(\beta_{SiSi} - \beta_{SiY}) + \frac{1}{2}\frac{m}{n}(\beta_{SiH} - \beta_{YH})\right]$
6	$\underset{m}{H_m} \rightarrow (\underbrace{Z^{(1)}_{(Y)} \ldots Z^{(m')}_{(Y)}}_{m'} \underbrace{Z^{(1)}_{(Si)} \ldots Z^{(m'')}_{(Si)}}_{m''})$	$\left.\begin{array}{l} \beta_{SiH} \rightarrow \frac{1}{\frac{m}{4}(4-r)} \sum_{j=1}^{m''=(m/4)(4-r)} \beta_{SiZ^{(j)}_{(Si)}} \\ \beta_{YH} \rightarrow \frac{1}{\frac{m}{4}r} \sum_{j=1}^{m'=(m/4)r} \beta_{YZ^{(j)}_{(Y)}} \end{array}\right\} r,\ m = 0$
7	$[(Y_rSi_{4-r}O_n)\,(OH^-)_{n'}]_\infty$	$\frac{n}{n+n'}\left\{\beta_{SiSi} - \frac{m}{n}(\beta_{SiSi} - \beta_{Si}) - \frac{r}{2}\left[\left(1 - \frac{m}{n}\right)(\beta_{SiSi} - \beta_{SiY}) + \frac{1}{2}\frac{m}{n}(\beta_{Si} - \beta_Y)\right]\right\} + \frac{n'}{n+n'}\beta_{OH^-}$ $\quad m = 2n - 16$

sätzlich verursachten negativen Ladungen des Silikatanions durch weitere Kationen neutralisiert werden, wollen wir Y-Silikate (z.B. Alumosilikate) nennen. Bei der Auswahl der β-Faktoren wurde bereits vorausgesetzt, daß keine kovalenten Y-O-Y-Brücken existieren, wie das auch bei Alumosilikaten der Fall ist. Nach der Definition der β-Faktoren gelangen wir zu Anionen der Y-Kieselsäuren, wenn die β_{iH}-Faktoren durch die β_i ersetzt werden. Schließlich wurde auch noch versucht, „vagabundierende" Kationen in den Alumosilikaten der Raumnetzstruktur (die das Anion neutralisieren) mit einem weiteren β_{SiYZ}-Faktor zu erfassen. Aus Übersichtsgründen haben wir dabei jeweils angenommen, daß die auftretende negative Ladung, die bei der Substitution des Si durch Al entsteht, formell gleichmäßig auf die beiden O-Atome aufgeteilt wird, die dem Y-Atom benachbart sind.

Mit den so festgelegten β_j-Faktoren wurden über das beschriebene Abzählverfahren die β_Σ-Werte des Gesamtmoleküls bestimmt. Sie sind in Tab. 1 angegeben. Wegen der Relation (9)

$$\delta^{18}O = (\beta_\Sigma(T) - 1) + C(^{18}O) \tag{16}$$

geben sie den direkten Verlauf des $\delta^{18}O$-Wertes in Abhängigkeit von der chemischen Zusammensetzung wieder.

Diskussion

Fall 1 und 2: Da letztendlich Isotopieeffekte in Mineralen mit einer anionischen Alumosilikat-Gerüststruktur beschrieben werden sollen, gehen wir von einer (vorerst hypothetischen) Kieselsäure aus, bei der der Wasserstoff nur schwach ionisch gebunden ist (keine Gasphase!). Aus bindungstheoretischen Gründen können wir dann folgendes annehmen:

$$\beta_{SiSi} - \beta_{SiH} > 0\,, \quad \beta_{SiSi} - \beta_{SiY} > 0 \quad \text{für } Y = Al \tag{17}$$

In Abb. 2 sind die Verhältnisse für willkürlich vorgegebenes β_{SiSi} und β_{SiH} dargestellt. Nach Gl. (16) wächst dann der $\delta^{18}O$-Wert der Polymere der Orthokieselsäure mit steigender Kettenlänge l und steigendem Polykondensationsgrad $(1 - m/n)$ in der Reihenfolge Kette, Band, Blatt, Raumnetz-Struktur, bezogen auf den entsprechenden $\delta^{18}O$-Wert der Orthokieselsäure gleicher Temperatur.

Fall 3: Bei den Alumosilikatanionen der Raumnetz-Struktur ist die Verringerung des $\delta^{18}O$-Wertes (bezogen auf den reinen Quarz) proportional dem Molenbruch 1/k der eingelagerten Al-Atome.

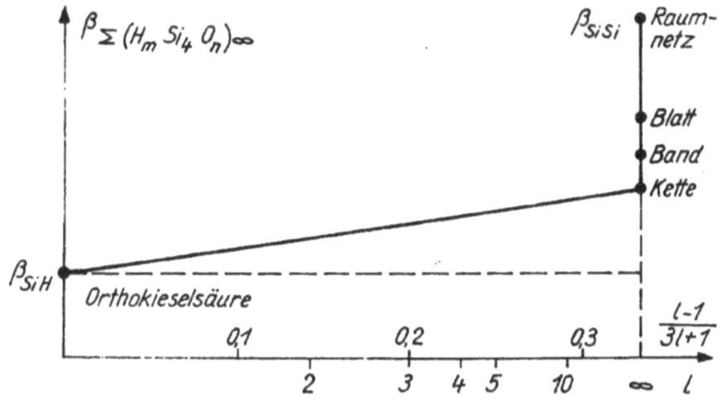

Abb. 2. β_Σ Faktoren der Polykieselsäuren

Fall 4: Wegen der experimentell bekannten schwachen Ionenbindung des Kations Z im Falle der leichten Alkali- und Erdalkalimetalle kann

$$|\beta_{SiSi} - \beta_{SiY}| \gg |\beta_{SiYZ} - \beta_{SiY}| \tag{18}$$

angenommen werden, was zu dem Schluß führt, daß die Berücksichtigung der Kationen Z die δ^{18}O-Werte der Alumosilikatanionen des Raumnetzes nur unwesentlich ändert und praktisch bedeutungslos sein müßte.

Fall 5 stellt eine Verallgemeinerung des Falles 2 dar. Dabei wurde partiell Si durch Y ersetzt.[2])

Im *Fall 6* wurden die endständigen H-Atome des Falles 5 durch einwertige Kationen ersetzt, wobei jeweils zu unterscheiden ist, ob das H-Atom ursprünglich zu einem H-O-Si oder H-O-Al-Bindungstyp gehörte.

Im *Fall 7* wurde der Tatsache Rechnung getragen, daß die realen Si-Minerale mit ihren verschiedenen Grundstrukturen oft auch OH^--Anionen enthalten, die den gemessenen δ^{18}O-Wert erheblich verfälschen können. Wenn wir näherungsweise voraussetzen, daß die ionischen Bindungskräfte im Mineral gegen die homöopolaren Bindungskräfte zu vernachlässigen sind, dann werden die Isotopieeffekte der Grundstrukturen und der OH^--Anionen unabhängig, d. h.

$$\beta_{\Sigma\,\text{gesamt}} = \frac{n}{n+n'}\,\beta_{\Sigma\,\text{strukt.}} + \frac{n'}{n+n'}\,\beta_{OH^-} \tag{19}$$

wenn *n* die Anzahl der O-Atome in der Grundstruktur und *n'* die Zahl der OH^--Anionen im Mineral

$$\{[K_1K_2 \ldots K_s]\,[Y_rSi_{4-r}O_n]\,[OH^-]_{n'}\,[A_1A_2 \ldots A_t]\}_\infty$$

sind. Die Kationen K_i und die Anionen A_i sollen dabei keinen weiteren Sauerstoff enthalten.

Fall 7 entspricht dann der Beziehung (19), in die der Fall 5 eingeht und die β_{iH} durch β_i ersetzt sind.

Fall 7 wird wesentlich vereinfacht, wenn wir als weitere Näherung die β_{ij} in Analogie zu *Galimov* [8] auf Einzelbindungsinkremente reduzieren. In dieser Näherung gilt

$$G_{ij} = G_i + G_j \tag{20}$$

was schließlich zu

$$\delta^{18}O = K(T)\left[\frac{8\left(1 - \frac{r}{2}F_2\right) + n'F_4}{n+n'}\right] + C(^{18}O) \tag{21}$$

führt. Dabei sind

$$K(T) = (\beta_{SiSi} - 1)\,; \qquad F_2 = \frac{\beta_{SiSi} - \beta_{SiY}}{\beta_{SiSi} - 1} < \frac{1}{2}\,;$$

$$F_4 = \frac{\beta_{OH^-} - 1}{\beta_{SiSi} - 1} \tag{22}$$

Wenn wir zusätzlich noch

$$8\left(1 - \frac{r}{2}F_2\right) \gg n'F_4 \tag{23}$$

annehmen, wird Gl. (21) zu

$$\delta^{18}O = K(T)\left[\frac{8\left(1 - \frac{r}{2}F_2\right)}{n+n'}\right] + C(^{18}O) \tag{24}$$

Das bedeutet (wegen $0 < F_2 < 1/2$; $0 \leqq r \leqq 2$), daß eine Substitution der Si-Atome (wachsender *r*) in den unterschiedlichen Gerüststrukturen (festes *n*) durch Y-Atome (bei Alumosilikaten: Y = Al) zu einer Verringerung des δ^{18}O-Wertes führt. Dieser Wert verringert sich abermals mit fallendem Vernetzungsgrad (wachsendes *n*). Der δ^{18}O-Wert wird durch die Einbeziehung der OH^--Anionen ($n' > 0$) bei Gültigkeit der Annahme (23) schließlich nochmals verkleinert.

Wenn man Gl. (24) in die Form

$$\delta^{18}O = K(T)\left[\frac{4(4-r) + 3r(4/3 - 8/3\,F_2)}{2(n+n')}\right] + C(^{18}O) \tag{25}$$

umschreibt und rekapituliert, daß

$4 - r$ = Anzahl der Si-Atome
r = Anzahl der Al-Atome
$n + n'$ = Gesamtzahl der O-Atome ist,

dann ergibt sich mit $4/3 - (8/3)\,F_2 = 0{,}58$ die *Garlick*-Formel [2] für Alumosilikate.

In Abb. 3 ist der allgemeinere Ausdruck (21) für $F_4 \neq 0$ als Funktion des chemischen Index nach *Garlick*,

$$I = \frac{8\left(1 - \frac{r}{2}F_2\right)}{(n+n')} \tag{26}$$

dargestellt. Die ausgezogene Gerade ($F_4 = 0$) stellt die Relation von *Garlick* dar. $F_4 > 0$ liefert für Minerale mit OH^--Anionen und gleichem chemischen Index *I* positive Abweichungen von dieser Geraden. Der Vergleich mit den

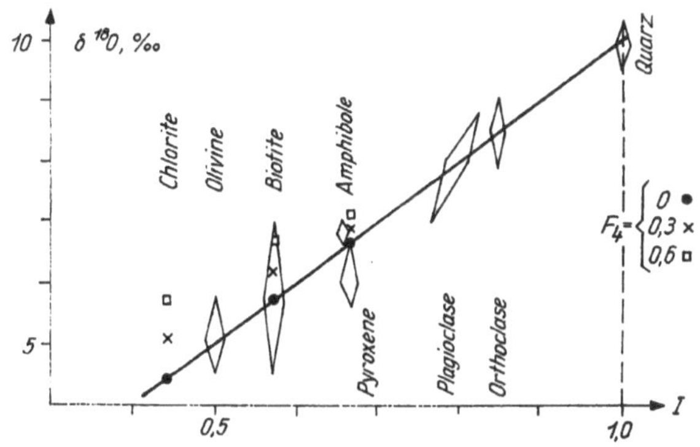

Abb. 3. δ^{18}O als Funktion des chemischen Index *I*
— Formel (21) mit $F_4 = 0$, $K(T) = 10^0/_{00}$, $C = 0$, $F_2 = 0{,}2825$; ◇ experimentelle Werte nach *Garlick* [2]

[2]) Für die Bandstruktur ($n = 11$) existieren zwei verschiedene β_Σ-Faktoren, je nachdem ob ein Si-Atom mit 3 benachbarten -O-Si-Bindungen oder 2 benachbarten -O-Si-Bindungen durch Y substituiert wurde. Im Fall 5 ist der Mittelwert beider β_Σ-Faktoren genommen worden.

experimentellen Werten der Abb. 3 für die plutonischen „igneous grade" Alumosilikate zeigt am Beispiel der Amphibole und Pyroxene, daß dies tatsächlich der Fall ist.

4. $^{30}Si/^{28}Si$-Isotopieeffekte in Silikaten

Zur Beschreibung des $^{18}O/^{16}O$-Isotopieeffektes in Silikaten konnten wir von der vereinfachenden Annahme ausgehen:

Die Inkremente G_i hängen nur von den an Sauerstoff direkt gebundenen Atomen ab. Nach Tab. 1 bedeutet das, daß in dieser Näherung zur Berechnung der Sauerstoffisotopieeffekte der Y-Kieselsäuren ($H_mY_rSi_{4-r}O_n$) maximal 4 verschiedene β-Faktoren notwendig waren:

$$\beta_{SiSi},\quad \beta_{SiH},\quad \beta_{YSi},\quad \beta_{YH}$$

Da Siliziumatome in den Silikaten grundsätzlich nur direkt an Sauerstoffatome gebunden sind, würde eine analoge Annahme keinen Isotopieeffekt bezüglich einer m- bzw. r-Variation liefern; es müssen also wenigstens die über die Sauerstoffbrücken gebundenen folgenden Atome berücksichtigt werden. Die entsprechend modifizierte Spezialannahme wäre dann:

Die Inkremente G_i hängen von den übernächsten Liganden des SiAtoms ab.

Da Silizium in den Silikaten tetraedrisch 4-bindig ist, müssen die zugehörigen β-Faktoren, γ_{ijkl}, im allgemeinen vier Indizes tragen. Sie sollen folgendermaßen definiert sein:

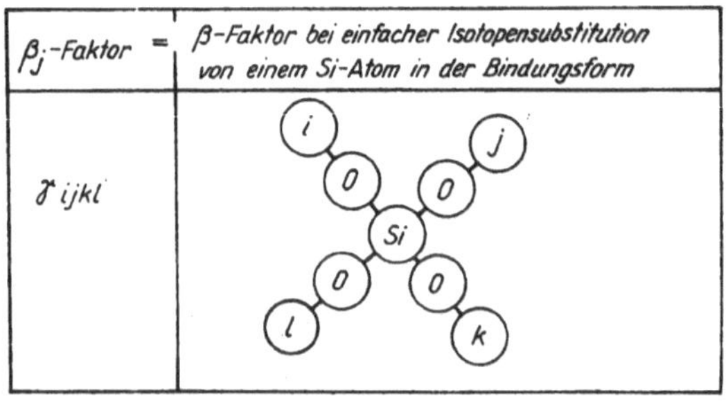

Die Bindungen Si-O-Z; $Z = i, j, k, l$; sind im allgemeinen gewinkelt, so daß verschiedene Konformationen vorliegen können.

Im folgenden soll aber ein derartiger Aspekt unberücksichtigt bleiben und vereinfachend angenommen werden, daß die Indizes in γ_{ijkl} beliebig vertauscht werden können:

$$\gamma_{xxxy} = \gamma_{xxxy} = \gamma_{3xy}\,.$$

Diese Annahme impliziert eine gewisse Unabhängigkeit der vier Bindungen Si-O-Z. Trotz dieser vereinfachenden Annahme bleibt die Zahl der zu berücksichtigenden verschiedenen β-Faktoren zur Beschreibung der Si-Isotopieeffekte noch sehr groß. Tabelle 2 veranschaulicht, welche β-Faktoren für die Y-Kieselsäuren $H_mY_rSi_{4-r}O_n$ benötigt werden Danach sind für alle endlichen und unendlichen Strukturen 13 verschiedene β-Faktoren notwendig, für $r = 0$ sind es noch fünf. Es besteht gegenwärtig wenig Aussicht, diese große Anzahl von β-Faktoren sowohl experimentell als auch theoretisch zu ermitteln.

Vom praktischen Standpunkt bieten sich deshalb die beiden folgenden Möglichkeiten an:

1. Man beschränkt sich auf spezielle Strukturen (z.B. Ketten oder Bänder). Dadurch wird zwar die Anzahl der benötigten β-Faktoren geringer, aber auch die Zahl der beschreibbaren Verbindungen kleiner.
2. Man macht weitere Annahmen bezüglich der γ_{ijkl} und versucht, diese aus wenigen einfachen Ausdrücken aufzubauen. Auch dadurch wird die Anzahl der benötigten Grundgrößen kleiner, es muß aber u. U. eine geringere Genauigkeit in den Aussagen in Kauf genommen werden.

In Anbetracht einer möglichst einfachen Darstellung soll die zweite Möglichkeit mit einem der einfachsten Ansätze

$$\gamma_{ijkl} = 1 + L_i + L_j + L_k + L_l \tag{27}$$

getestet werden, der die völlige Unabhängigkeit der vier Bindungen annimmt. Nach Tab. 2 kommt bei den benötigten γ_{ijkl} zur Beschreibung der Y-Kieselsäuren ein Index mindestens zweimal vor, so daß mit dem Ansatz (27) die 13 β-Faktoren aus nur drei verschiedenen Bindungsinkrementen L_H, L_{Si}, L_Y linear kombiniert werden können. Der Ansatz (27) ist ein sehr starker Eingriff in die Beschreibung der Wechselwirkungen der Si-Atome mit ihren übernächsten Liganden, der u. U. nur für gewisse β-Faktoren γ_{ijkl} gültig ist. Speziell folgt aus Gl. (27) nämlich

$$L_i = \tfrac{1}{4}(\gamma_{4i} - 1) \tag{28}$$

Tab. 2. β-Faktoren, die zur Beschreibung des Si-Isotopieeffektes an Y-Kieselsäuren $H_mY_rSi_{4-r}O_n$ benötigt werden

β-Faktor	Orthokieselsäure	endliche Ketten	unendliche Ketten	Bänder	Blätter	Raumnetz
γ_{4H}	×					
γ_{3HSi}		×				
γ_{2H2Si}		×	×	×		
γ_{H3Si}				×	×	
γ_{4Si}						×
γ_{3HY}		×				
γ_{2HYSi}		×	×			
γ_{2H2Y}		×	×	×		
γ_{HY2Si}				×	×	
γ_{HY2Si}				×	×	
γ_{H3Y}				×	×	
γ_{2Si2Y}						×
γ_{4Y}						×

weshalb auch Gl. (27) in der Form

$$\gamma_{ijkl} = \tfrac{1}{4}(\gamma_{4i} + \gamma_{4j} + \gamma_{4l} + \gamma_{4k}) \tag{29}$$

geschrieben werden kann, so daß sich letztendlich die Isotopieeffekte der Y-Kieselsäuren auf die Isotopieeffekte der drei Grundstrukturen $Si(OH)_4$, $Si(OSi^-)_4$, $Si(OY^-)_4$ reduzieren.

Eine Analyse liefert die Strukturen ($H_mY_rSi_{4-r}O_n$) mit der Bedingung $m = 2n - 16$

$$\beta_\Sigma = \gamma_{4H} + \frac{16-n}{8} \times \left[(\gamma_{4Si} - \gamma_{4H}) - \frac{r}{4-t}(\gamma_{4Si} - \gamma_{4Y})\right] \tag{30}$$

oder mit Gl. (9)

$$\delta^{30}\text{Si} = K_1(T)\left[1 + F_1\left(\frac{16-n}{8}\right)\left(1 - \frac{r}{4-r}F_3\right)\right] + C(^{30}\text{Si}) \quad (31)$$

Dabei sind

$$K_1(T) = \gamma_{4\text{H}} - 1\,, \qquad F_1 = \frac{\gamma_{4\text{Si}} - \gamma_{4\text{H}}}{\gamma_{4\text{H}} - 1}\,,$$

$$F_3 = \frac{\gamma_{4\text{Si}} - \gamma_{4\text{Y}}}{\gamma_{4\text{Si}} - \gamma_{4\text{H}}} \quad (32)$$

Nach den allgemeinen Betrachtungen des 2. Abschnittes gilt in der Hochtemperaturnäherung des idealen Gases wieder $K_1(T) \propto 1/T^2$, während F_1 und F_3 Konstanten werden. Der grundsätzliche Verlauf des Isotopieeffektes bei unterschiedlichem Polykondensations- und Substitutionsgrad hängt nun allein vom Vorzeichen der Konstanten F_1 und F_3 ab. Diese Größen können nicht mehr in so einfacher Weise wie beim $^{18}\text{O}/^{16}\text{O}$-Isotopieeffekt über Bindungsstärken abgeschätzt werden, da es sich um kleine Effekte handelt, die lediglich die Liganden der übernächsten Koordinationssphäre betreffen. Der Zugang zu den Größen F_1, F_3 muß über Infrarotmessungen oder quantenchemische Rechnungen erfolgen. Rechenintensive quantenchemische Berechnungen können auch als Kriterium für die Richtigkeit und die Grenzen der Inkrementannahmen angesehen werden.

Eine Bestätigung dieser Annahmen kann auch durch experimentelles Material erfolgen. So ist die Formel (31) vergleichbar mit einer halbempirischen Relation von Wetzel [3] für Y = Al:

$$\delta^{30} = 4\,K'(T)\left(\frac{16-n}{8}\right)\left(1 + \frac{r}{4-r}\,0{,}5\right) + C'(T) \quad (33)$$

wobei $K'(T)$ und $C'(T)$ zwei empirisch zu ermittelnde temperaturabhängige Funktionen sind. Es ist zu ersehen, daß

$$C'(T) = \delta^{30}\text{Si}\ (n = 16) = \delta^{30}\ \text{Si}_{\text{Ortho}}(T)$$

wird, d. h.

$$\delta^{30}\text{Si}(T) - \delta^{30}\text{Si}_{\text{Ortho}}(T) = 4\,K'(T)\left(\frac{16-n}{8}\right) \times \left(1 + \frac{r}{4-r}\,0{,}5\right) \quad (34)$$

während aus Gl. (31) unmittelbar

$$\delta^{30}\text{Si}(T) - \delta^{30}\text{Si}_{\text{Ortho}}(T) = F_1 K_1(T)\left(\frac{16-n}{8}\right) \times \left(1 - \frac{r}{4-r}F_3\right) \quad (35)$$

folgt. Durch einen Vergleich der Gln. (34) und (35) erhält man sofort

$$4K'(T) = F_1 K_1(T) = \gamma_{4\text{Si}} - \gamma_{4\text{H}}$$

$$0{,}5 = -F_3 = \frac{\gamma_{4\text{Al}} - \gamma_{4\text{Si}}}{\gamma_{4\text{Si}} - \gamma_{4\text{H}}} \quad (36)$$

Da Gl. (33) eine an empirisches Material angepaßte Beziehung ist, erweisen sich rückwirkend die Inkrementenwahl und die Näherung (27) als gerechtfertigt. Gleichzeitig stellen die Gleichungen (36) den Zugang zu den theoretisch prinzipiell berechenbaren Größen dar.

Eingegangen am 24. 3. 1981
Überarbeitete Fassung am 6. 5. 1981

Literatur

[1] *H. P. Taylor, S. Epstein*, Geol. Soc. Am. Bull. 73 (1962) 461, 675
[2] *G. D. Garlick*, Earth and planetary science letters 1 (1966) 361
[3] *K. Wetzel*, ZfI-Mitteilungen 29 (1980) 13
[4] *K. Wetzel, D. Mißbach, K. Mühle*, ZfI-Mitteilungen 30 (1980) 168
[5] *H. Schütze*, Chem. Erde 39 (1980) 321
[6] *G. Christoph*, ZfI-Mitteilungen 30 (1980), 181, 188
[7] *K. Wetzel, G. Christoph, H. Schütze*, Vortrag Gordon Research Conference on the Chemistry and Physics of Isotopes, Ventura (California) 1981
[8] *E. M. Galimov*, Изотопы углерода в нефтегазовой геологии, Недра, Москва 1972

Vergleichsmessung der Aktivitätskonzentration von Lösungen der Radionuklide ^{57}Co und ^{133}Ba zwischen dem ASMW Berlin und dem OMH Budapest

H. Rothe, H. Greupner, R. Brust, E. Schönfeld

(Amt für Standardisierung, Meßwesen und Warenprüfung (ASMW) der DDR)[1]

A. Szörényi, A. Zsinka, M. Csikós

(Staatliches Amt für Meßwesen (OMH) der UVR)[2]

Im Rahmen gemeinsamer Untersuchungen zur Entwicklung von Meßeinrichtungen für die Darstellung der Einheit der Aktivität von Elektroneneinfangstrahlern wurden in den Jahren 1977 bis 1980 zwischen dem ASMW Berlin und dem OMH Budapest Vergleichsmessungen der Aktivitätskonzentration von Lösungen der Radionuklide ^{57}Co und ^{133}Ba durchgeführt. Es wird über die angewendeten Meßeinrichtungen und Meßmethoden sowie über die erhaltenen Resultate berichtet. Die Abweichungen der in den beiden Institutionen erhaltenen Werte für die Aktivitätskonzentration stimmen innerhalb der Meßunsicherheiten gut überein; sie betragen 0,35% für ^{57}Co und 0,3% für ^{133}Ba.

Keywords

accuracy; barium 133; cobalt 57; electron capture radioisotopes; GDR; Hungary; measuring methods; radioactivity

1. Einleitung

Zur Sicherung der Richtigkeit der Meßergebnisse bei der Darstellung und Weitergabe der Einheit der Aktivität von Elektroneneinfangstrahlern im Amt für Standardisierung, Meßwesen und Warenprüfung (ASMW) der DDR und dem Staatlichen Amt für Meßwesen (OMH) der UVR wurden in den Jahren 1977 bis 1980 gemeinsame Messungen der Aktivitätskonzentration der Lösungen von zwei Elektroneneinfangstrahlern durchgeführt. Weitere Gründe für diese Messungen waren einerseits die zunehmende Anwendung von Elektroneneinfangstrahlern in der Praxis, besonders in der Nuklearmedizin, und die sich daraus ergebenden Anforderungen an die Genauigkeit derartiger Aktivitätsmessungen, andererseits das Bestreben, die Staatlichen Etalons für die Darstellung der Einheit der Aktivität radioaktiver Strahlungsquellen in der DDR und in der UVR, die beide Bestandteil des bestätigten RGW-Etalons der Einheit der Aktivität unterhalb 1 MBq sind, im Hinblick auf Messungen an Elektroneneinfangstrahlern methodisch zu untersuchen und weiterzuentwickeln.

Für die Vergleichsmessungen wurden die Nuklide ^{57}Co und Ba^{133} ausgewählt, die eine für den vorliegenden Zweck geeignete Halbwertszeit besitzen, für die Empfindlichkeitskalibrierung von Halbleiterspektrometern wichtig sind und ein Zerfallsschema besitzen, daß meßtechnisch höhere Anforderungen stellt, als sie bei Aktivitätsmessungen an Strahlungsquellen von einfach zerfallenden Radionukliden (z.B. ^{54}Mn) auftreten. Aus diesen Gründen finden genaue Aktivitätsmessungen von Strahlungsquellen dieser beiden Nuklide auch ein breites internationales Interesse.

Anschriften: [1]) DDR-1162 Berlin, Fürstenwalder Damm 388; [2]) H-1124 Budapest XII, Nemetvölgyi ut 37 – 39

Im folgenden wird über die Durchführung der Vergleichsmessung und ihre Ergebnisse berichtet.

2. Meßeinrichtungen

In beiden Institutionen wurden zur Bestimmung der Aktivitätskonzentration von Lösungen der zwei Radionuklide Koinzidenzmeßeinrichtungen benutzt, die im Kanal zum Nachweis der Elektroneneinfangprozesse ein 4π-Proportionalzählrohr und im Kanal zum Nachweis der Gammaquanten einen NaJ(Tl)-Kristall enthielten [1 – 3]. Die wichtigsten Parameter dieser Meßeinrichtungen sind in Tab. 1 zusammengestellt.

Die Nachweiselektronik der $4\pi\beta$(PC)-γ-Koinzidenzmeßeinrichtung des ASMW (Abb. 1) zeichnet sich dadurch aus, daß in ihr Totzeitstufen enthalten sind, die bis zu sehr hohen Impulsraten eine stabile Totzeit besitzen [4].

Die zur $4\pi\beta$(PPC)-γ-Koinzidenzmeßeinrichtung des OMH gehörige Nachweiselektronik (Abb. 3) zeichnet sich gegenüber der Nachweiselektronik der $4\pi\beta$(PC)-γ-Koinzidenzmeßeinrichtung des OMH (Abb. 2) dadurch aus, daß man mit ihr gleichzeitig in drei γ-Kanälen mit individuellen Energieeinstellungen messen kann. Damit besteht die Möglichkeit, bei Messungen an Nukliden mit komplexem Zerfallsschema eine entsprechende Anzahl von Peaks in der Gamma-Impulshöhenverteilung auszublenden und gleichzeitig in Koinzidenz mit den im ß-Kanal (EC-Kanal) registrierten Ereignissen zu messen (Multi-γ-Methode) [2]. Bei Anwendung der Extrapolationstechnik erhält man dann ohne zusätzlichen Zeitaufwand mehrere Extrapolationskurven, die im Idealfall zum gleichen Aktivitätswert führen bzw. wertvolle Hinweise zur Abschätzung der Meßunsicherheit geben.

Tab. 1. Wichtigste Parameter der verwendeten Koinzidenzmeßeinrichtungen (KME)

PC – Proportionalzählrohr; PPC – Druckproportionalzählrohr; τ_β, τ_γ – Totzeit im β- bzw. γ-Kanal (gerundete Werte); τ_k – Koinzidenzauflösungszeit (gerundet)

Parameter	ASMW		OMH	
	$4\pi\beta$(PC)-γ-KME	$4\pi\beta$(PPC)-γ-KME	$4\pi\beta$(PC)-γ-KME	$4\pi\beta$(PPC)-γ-KME
EC-Detektor	4π-PC	4π-PPC	4π-PC	4π-PPC
Wandmaterial	Al	Al	Plexiglas, vergoldet	Al
Höhe jeder Hälfte, mm	20	30	24	20
Anodendrahtlänge, mm	55	120	45	40
Anodendrahtdicke, μm	40	40	11	30
Anodenmaterial	Mo, vergoldet	Mo, vergoldet	rostfreier Stahl	rostfreier Stahl
Zählgas	C_3H_8	90% CH_4 + 10% Ar	CH_4	90% CH_4 + 10% Ar
Gasdruck, MPa	0,1	0,1 bis 2	0,1	0,1 bis 2
γ-Detektor	NaI(Tl)	NaI(Tl)	NaI(Tl)	NaI(Tl)
Höhe, mm	76	76	76	76
Durchmesser, mm	102	102	76	76
τ_β, τ_γ, μs	4	4	5	3
τ_k, μs	1	1	1	1

3. Meßstrahlungsquellen

Die Aktivitätskonzentration der zu untersuchenden Lösung war in beiden Fällen so gewählt worden, daß eine Verdünnung zum Zwecke der Präparation geeigneter Meßstrahlungsquellen nicht erforderlich war. Die Zusammensetzung der in abgeschmolzenen Glasampullen aufbewahrten Lösungen war im Falle von ^{57}Co 20 μg/ml $CoCl_2$ in 0,1 N HCl und für ^{133}Ba 2 mg/ml $BaCl_2$ in 0,1 NHCl. Untersuchungen mittels eines Ge(Li)-Spektrometers zeigten, daß in den benutzten Lösungen weniger als 0,1% gammastrahlende Verunreinigungen enthalten waren.

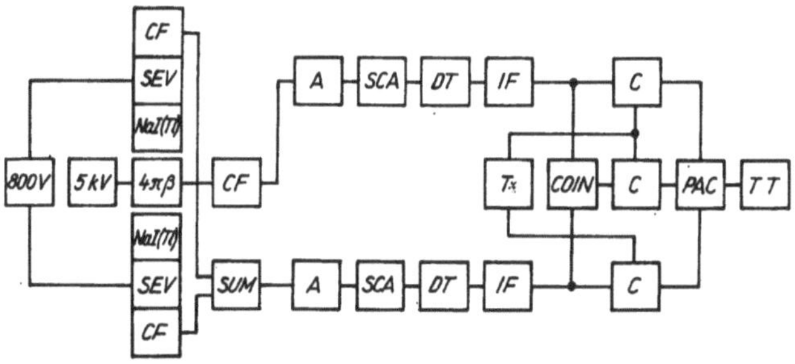

Abb. 1. Blockschaltbild der $4\pi\beta$(PC)-γ-Koinzidenzmeßeinrichtung des ASMW
Gegenwärtig wird die Nachweiselektronik dieser Meßeinrichtung auch für Messungen mittels des $4\pi\beta$(PPC)-γ-Koinzidenzdetektorsystems genutzt
CF – Katodenfolger; A – Verstärker; SCA – Einkanalanalysator mit variabler Verzögerung 0,1 bis 1,1 μs; DT – Totzeitstufe und Impulsformer (ASMW-Eigenbau); COIN – Koinzidenzstufe; T – Zeitgeber; PAC – Ausdruckblock; C – Zählgerät; TT – Seriendrucker (Teletype)

In beiden Institutionen wurden die Meßstrahlungsquellen durch Auftropfen der Lösung auf vorbehandelte und mit Gold oder Gold-Palladium bedampfte VYNS-Folien einer Gesamtflächenmasse von 30 bis 40 μg/cm² hergestellt, wobei Trägerringe von 38 mm Außen- und 16 mm Innendurchmesser einer Dicke von 0,05 mm (ASMW) bzw. 0,2 mm (OMH) benutzt wurden. Die Bestimmung der Tropfenmasse (etwa 20 mg) erfolgte durch Differenzwägung einer mit der jeweiligen Lösung gefüllten Polyethylenpipette auf einer Mikrowaage. Die Meßunsicherheit der Masse betrug dabei in beiden Institutionen für eine einzelne von 5 bis 10 unmittelbar hintereinander angefertigten Meßstrahlungsquellen maximal 20 μg.

Als Mittel für die Vorbehandlung der Unterlagen dienten im ASMW Insulin (50 μg/ml in 0,01 N CH_3COOH), im OMH „Teepol" und Ludox SM" (kolloidales Siliziumdioxid). Im ASMW wurden einige Quellen nach dem vollständigen Verdunsten des Lösungsmittels zusätzlich einer Nachbehandlung mit einer wässerigen Suspension eines Kationen-Anionen-Austauscherharzes unterzogen. Zweck der Vor-

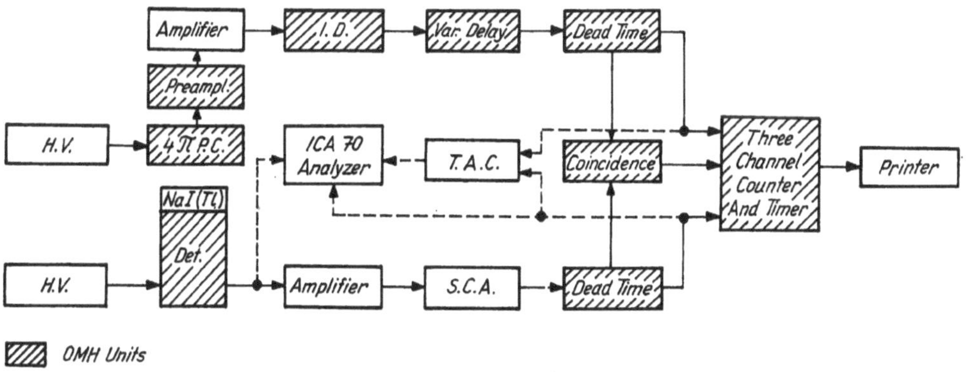

Abb. 2. Blockschaltbild der $4\pi\beta$(PC)-γ-Koinzidenzmeßeinrichtung des OMH

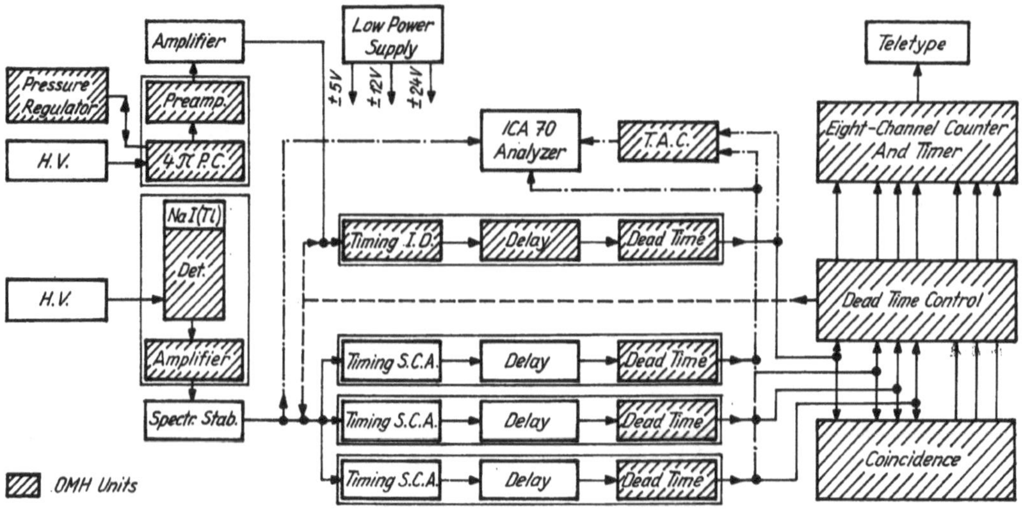

Abb. 3. Blockschaltbild der $4\pi\beta$(PPC)-γ-Koinzidenzmeßeinrichtung des OMH

und Nachbehandlung war eine wesentliche Verringerung der Selbstabsorption der bei den radioaktiven Umwandlungsprozessen emittierten Auger- und Konversionselektronen.

4. Besonderheiten der Zerfallsschemata

Die Zerfallsschemata der Radionuklide ^{57}Co und ^{133}Ba [5] sind in Abb. 4 und 5 wiedergegeben. Im Interesse besserer Übersichtlichkeit wurde der Abstand der Energieniveaus nicht genau energieproportional dargestellt. Im Zerfallsschema von ^{57}Co wurden die hier nicht interessierenden Übergänge mit sehr geringen Übergangswahrscheinlichkeiten weggelassen. ^{57}Co besitzt außer den beiden Übergängen mit 122 keV und 136 keV einen sehr stark konvertierten 14-keV-Übergang. Die Lebensdauer des 14-keV-Niveaus (ca. 0,1 µs) ruft auf Grund der hinreichend groß gewählten Koinzidenzauflösungszeit keine meßtechnischen Probleme hervor. Im Zerfallsschema von ^{133}Ba treten meist jeweils ein energiereicher, schwach konvertierter und ein energiearmer, stark konvertierter Gammaübergang in Kaskade auf. Die Konversionselektronen des letzteren können meßtechnisch als Ersatz für nicht nachgewiesene *Auger*-Elektronen oder Röntgenquanten der Elektroneneinfangprozesse genutzt werden, da sie ebenso wie diese zu den energiereichen Gammaquanten koinzident sind.

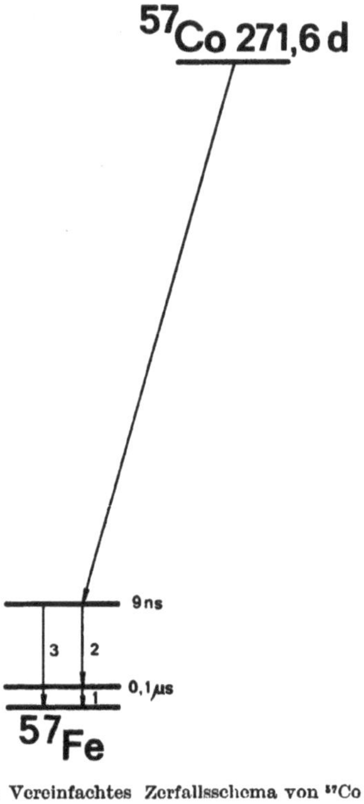

Abb. 4. Vereinfachtes Zerfallsschema von ^{57}Co

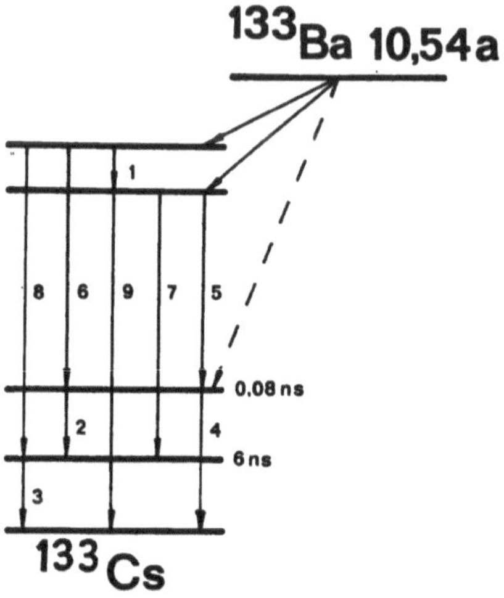

Abb. 5. Zerfallsschema von ^{133}Ba

5. Meßmethodik

Bei EC-γ-Strahlern liegt die Nachweiswahrscheinlichkeit der EC-Prozesse meist deutlich unterhalb von 1. Die Hauptursachen hierfür sind Nachweisverluste von *Auger*-Elektronen durch Selbstabsorption in der Strahlungsquelle und (unterhalb des Druckplateaus) Nachweisverluste von Röntgenquanten in dem als EC-Detektor benutzten Proportionalzählrohr. Aus diesem Grunde hat sich bei der Bestimmung der Aktivität von Elektroneneinfangstrahlern die Extrapolationstechnik als genaueste Methode der Aktivitätsbestimmung weitgehend durchgesetzt [6].

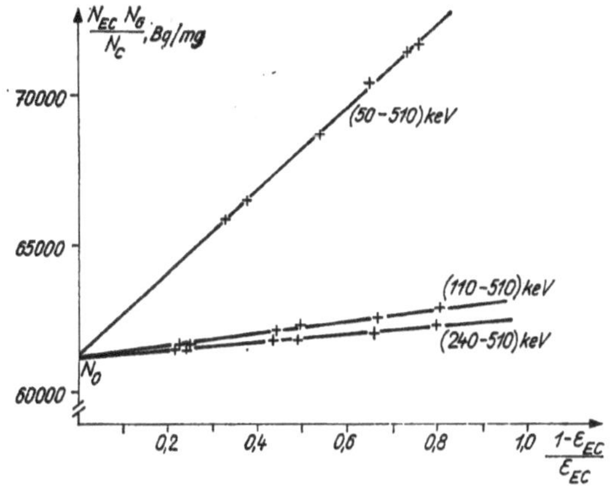

Abb. 6. Extrapolationskurven für ^{133}Ba, erhalten mit der Meßeinrichtung gemäß Abb. 3 bei Ausblendung (50 – 510) keV, (110 – 510) keV bzw. (240 – 510) keV im Gammakanal

Die einzelnen Schritte dieser Methode sollen im folgenden kurz zusammengestellt werden. Zunächst bemüht man sich, Meßstrahlungsquellen mit möglichst hoher Nachweiswahrscheinlichkeit der Elektroneneinfangprozesse herzustellen. Dann senkt man diese Nachweiswahrscheinlichkeit durch geeignete Maßnahmen schrittweise ab. Solche Maßnahmen sind das Anbringen abstandslos anliegender dünner Absorber auf beiden Seiten der Meßstrahlungsquelle, das Zufügen von inaktivem Trägermaterial oder (nur bei Verwendung eines Druckproportionalzählrohrs im EC-Kanal) die Variation des Zählgasdrucks bzw. elektronische Diskrimination im EC-Kanal.

Aus den Koinzidenzmessungen werden unter Berücksichtigung aller apparativen Korrekturen (Nulleffekt, Totzeit, Koinzidenzauflösungszeit) paarweise die unkorrigierte

Tab. 3. Resultate der Vergleichsmessungen der Aktivitätskonzentration C_A

	C_A MBq g^{-1}	
	^{57}Co 01.06.1977	^{133}Ba 01.01.1980
ASMW	2,316 $\pm$ 0,008	0,8388 $\pm$ 0,0033
OMH	2,308 $\pm$ 0,006	0,8363 $\pm$ 0,0029
$\frac{\text{ASMW}}{\text{OMH}}$	1,0035 $\pm$ 0,0059	1,0030 $\pm$ 0,0074

Aktivität N_0 und die Nachweiswahrscheinlichkeit ε_{EC} berechnet. Nach Auftragen von N_0 über $(1 - \varepsilon_{EC})/\varepsilon_{EC}$ wird auf $\varepsilon_{EC} = 1$ extrapoliert und die Aktivität N_0 als Schnittpunkt mit der Ordinate erhalten (Abb. 6). Die theoretische Begründung für diese Verfahrensweise findet man in [6].

6. Resultate

Eine Übersicht über die Meßbedingungen und die Beiträge zur Meßunsicherheit gibt Tab. 2. In Tab. 3 sind die in den beiden Institutionen erhaltenen Werte der Aktivitätskonzentrationen der zwei gemeinsam untersuchten Lösungen und ihre Meßunsicherheiten zusammengestellt.

7. Schlußfolgerungen

Ein Vergleich der Meßergebnisse des ASMW und des OMH zeigt, daß die erhaltenen Werte der Aktivitätskonzentrationen bei beiden Nukliden innerhalb der Meßunsicher-

Tab. 2. Zusammenstellung der Meßbedingungen und Beiträge der wichtigsten Fehlerquellen zur Meßunsicherheit

m – Tropfenmasse; τ_β, τ_γ – Totzeiten; τ_k – Koinzidenzauflösungszeit; NE – Nulleffekt; $T_{1/2}$ – Halbwertzeit; ZS – Zerfallsschema; t – Meßzeit; σ – zufällige Fehler (P = 99 %); S – Summe aller Fehlerbeiträge (Meßunsicherheit)

	ASMW		OMH	
	^{57}Co	^{133}Ba	^{57}Co	^{133}Ba
Energieschwelle im β-Kanal, eV	250	250	220	560
Druck im 4π-Zählrohr, MPa	0,1	0,1	0,1	0,4
Methode zur Änderung von ε_{EC}	Absorber [VYNS + Au] Diskrimination	Absorber [Al]	Absorber [VYNS + Au + Al]	Absorber [VYNS + Au + Al] I. D. Schwelle
Bereich von ε_{EC}	0,40 ... 0,78	0,20 ... 0,67	0,25 ... 0,88	0,30 ... 0,70
Fenster im γ-Kanal, keV	65 ... 180	105 ... 500	70 ... 180	50–510 110–510 240–510
Fehlerbeiträge				
m	0,05%	0,05%	0,07%	0,07%
τ_β, τ_γ	0,01%	0,01%	0,02%	0,01%
τ_k	0,06%	0,04%	0,04%	0,03%
NE	0,06%	0,06%	0,02%	0,01%
Extrapolation	0,05%	0,05%	0,02%	0,10%
Verunreinigungen	0,03%	0,03%	0,05%	0,01%
$T_{1/2}$, ZS, t	0,04%	0,05%	0,01%	0,10%
σ	0,03%	0,10%	0,03%	0,02%
S	0,33%	0,39%	0,26%	0,35%

heiten gut übereinstimmen. Vergleicht man die Meßunsicherheiten und Abweichungen mit Werten, die für dieselben Nuklide von Teilnehmern am „Internationalen Referenzsystem für die Aktivität gammastrahlender Nuklide (SIR)" des Bureau International des Poids et Mesures (BIPM) erreicht wurden, so läßt sich feststellen, daß die erzielten Ergebnisse dem fortgeschrittenen internationalen Niveau entsprechen.

Es kann somit eingeschätzt werden, daß die vorliegenden Messungen ein wertvoller Beitrag zur Sicherung der Einheitlichkeit und Richtigkeit der in der DDR und UVR durchgeführten Aktivitätsmessungen für Elektroneneinfangstrahler sind. Da die für die vorliegenden Vergleiche benutzten Meßeinrichtungen gleichzeitig Bestandteile des RGW-Etalons für die Einheit der Aktivität unter 1 MBq sind, ist damit auch ein Beitrag zur Einheitlichkeit und Richtigkeit von Aktivitätsmessungen im gesamten Bereich der Länder des RGW geleistet worden.

Die Vergleichsmessungen gaben den Teilnehmern nicht zuletzt auch Gelegenheit, durch gemeinsame Diskussionen zur angewendeten Meßmethode, zu den Meßbedingungen, den Meßeinrichtungen und den hiermit erzielten Resultaten den Stand auf dem Gebiet der Aktivitätsmessungen an Elektroneneinfangstrahlern in beiden Institutionen zu vervollkommnen.

Eingegangen am 21. 5. 1981

Literatur

[1] *E. Schönfeld*, Isotopenpraxis **7** (1971) 262

[2] *A. Szörényi*, Vortrag „Messungen von Elektroneneinfangstrahlern" auf dem RGW-Symposium „Methoden zur Herstellung und Messung von Referenznormalquellen und -lösungen" der SK Atomenergo, Marianske Lazne, Mai 1979, veröffentlicht durch die Atomenergiekommission der ČSSR, Prag 1979

[3] *R. Brust*, Vortrag „Metrologische Grundlagen auf dem Gebiet der Aktivitätsmessungen im ASMW", RGW-Symposium, Marianske Lazne, Mai 1979 (s. [2])

[4] *K. H. Rhein, E. Schönfeld*, Isotopenpraxis **14** (1978) 25

[5] Table de Radionuclides, *J. Legrand* et al., France 1974, 1976

[6] *A. P. Baerg*, Nucl. Instr. Methods **112** (1973) 143

Study of Steel Corrosion by Application of Neutron Activation Analysis

M. Šimková

(Nuclear Research Institute, Řež, ČSSR)[1]

D. Kuchyňka

(State Research Institute for Protection of Material, Prague, ČSSR)

For the study of the precise corrosion process a method of neutron instrumental activation analysis for evaluating of constructional material usability in various chemical industry equipment was used. Steel specimens having a size of 20 mm × 15 mm × 0,3 mm were irradiated in a reactor VVR-S during 80 hours at a neutron flux of 2×10^{17} nm^{-2} s^{-1}. *The cooling time before starting the corrosion experiment was one month. The corrosion tests were performed according to a Czechoslovak Standard. Liquid portions of the corrosion medium taken during the corrosion process were measured gamma-spectrometrically. The experiments gave evidence that in the initial stage of corrosion the compounds of metal are dissolving unequable. In the next phase a steady state is set up, but in many cases the disproportion in solubility of the compounds lasted on. In practice it is very important to know corrosion speed and ratio in a steady state.*

Keywords

activation analysis; corrosion; corrosion products; gamma spectroscopy; steels

Introduction

When evaluating the corrosion behaviour of alloys in solutions, one may judge of the proceeding corrosion process from electrochemical measurements. The magnitude of the corrosion current is a measure of the corrosion rate [1–4]. The quantitative evaluation of these processes had not given a simple and sensitive method which could have provided information on the amounts of traces of some elements (of the order of 10^{-8} g). For this reason, a method of corrosion tests (consistant with the electrochemical measurements made up to now) was suggested, worked out and tested in practice that employed the principle of activation analysis [5].

It is known that during corrosion of some alloys in a solution, not all components of the alloy pass equally into the corrosion products but impoverishment or enrichment of the surface in respect of some of the components occurs with some materials. Dezincification of brass during which the surface is enriched with copper and enrichment of the surface of chromium steel with chromic oxide, for example, are commonly known.

As the current need of the scientific-technical base is a quantitative description of similar processes, this problem was studied more thoroughly and a programme of corrosion tests of steel alloys in solutions was worked out [6, 7].

The method of instrumental neutron activation analysis permits to find out fast changes of the corrosion rate of metals when they are immersed in a corrosion medium. The use of all other methods is much more laborous and especially sensitive. The design of constructional materials and equipment of chemical operations requires the knowledge of the kinetics, eventually mechanism, of the corrosion in the expected corrosion system. The suggested method is capable of giving the answer to these requirements and permits preliminary selection of materials and the correctness of this selection. The worked-out method consists in

[1]) Adress: 25068 Řež, ČSSR

irradiating specimens of various types of steels (among which the selection is to be made) in a nuclear reactor and immersion in a corrosion medium, liquid portions of which are taken at intervals and evaluated by gamma-spectrometry [5, 8, 9].

Experimental

A series of experiments was performed, which may be very shortly characterized in the following way:

1) corrosion of alloy in the active state
2) corrosion of alloy steels in the passive state
3) corrosion processes leading to pitting or corrosion cracking of steels.

Steel specimens having a size of 20 mm × 15 mm × 0·3 mm were used in the experiments. The irradiating time in the active zone of the VVR-S reactor, Řež near Prague, was 80 hours and the cooling time before the corrosion experiment was one month. The cooling time serves for cooling the short-lived radionuclides, which are the source of undesirably high radioactivity of the specimens. The temperature during the specimen irradiation was registered in the range of 50—450 °C by temperature detectors. A special method of packaging the specimens permitted their cooling with water in the irradiation channel so that the temperature did not exceed 70 °C.

The corrosion tests were performed according to a Czechoslovak Standard. Portions of the corrosion medium making from 50 to 100 percent of the total volume of the testing flask were taken periodically at pre-determined time intervals. In special cases, the solutions were aerated or bubbled through with an inert gas or the solutions were stirred. The corrosion media were mostly solutions of inorganic acids with additions of some salts according to the type of the experiment. However, for technical purposes, also solutions of organic character were used. Liquid portions of the corrosion medium taken during the corrosion process were measured by a coaxial Ge(Li) detector (FWHM 2·8 keV for 1332 keV of ^{60}Co) in connection with a 4096-channel analyzer Plurimat 20 and a mini-processor Multi 8.

The samples were measured in polyethylene flasks directly on the detector for 10 to 15 minutes. The quantitative evaluation of the gamma spectra of the measured samples was performed "on line" by a programme specially designed for these purposes, the programme being also punched on a tape in the ASCI code.

Automatic data processing then could be made by a large computer, by which any calculation combinations and relations important for corrosion evaluation could be obtained beside the determination of the time dependence of the release of separate elements from metals into the solutions.

Results and discussion

The performed experiments give evidence that the initial stages of corrosion are accompanied by extraction, which lasts, especially with some types of the corrosion process, much longer than it was supposed on the basis of the electrochemical measurements. With the chromium-nickel stainless steels, two kinds of the course of the extraction process may be found in dependence on whether the corrosion proceeds in the active or passive state. When it proceeds in the active state, components that are electrochemically less noble (thermodynamically unstable) are preferentially released. An example of this kind of corrosion in that of chromium-nickel steel in a medium of 10% hydrochloric acid, in which iron and chromium are dissolved preferentially. On the contrary, the surface layers contain nickel [6].

An example of the second type of the process may be the corrosion of the same alloy in 25% HNO_3. Here a passive oxidic layer forms and the kinetics of the dissolution of the oxides of the alloy components is decisive for the corrosion process. With the chromium-nickel steel, the controlling process of the corrosion will be, therefore, the dissolution of chromic oxide, which forms the passive layer. In this case, iron is preferentially dissolved, while nickel dissolves partially and the steel surface is enriched with chromium.

The experiments showed that the extraction process described as sample II, proceeds for a much longer time than was revealed by electrochemical measurements. The composition of the passive layer was found by the latter to stabilize within 20—30 minutes. Nevertheless, the extraction process quantitatively defined by us lasted several days [8].

Preferential dissolution of nickel was found in media that bring about corrosion cracking of chromium-nickel steels. With these media, the nickel extraction is not restricted only to the initial phase of the corrosion like in the oxidizing media. From our experiments it follows that nickel is removed obviously from considerable depths under the passive film, which has not yet been experimentally verified. Further study of this phenomenon could have substantial technical importance.

The described method was also employed for quantitative description of corrosion processes proceeding in organic media. In this way, data for selection of steels for chemical industry equipment were obtained.

Received February 4, 1981
Accepted in revised form, April 29, 1981

References

[1] *I. M. Kolotyrkin*, Electrochimica Acta 18 (1973) 593
[2] *I. M. Kolotyrkin*, Z. Khim. obschestva D. I. Mendelejeva 20 (1975) 59
[3] *M. Pražák, T. X. Seu*, Electrochimica Acta 21 (1976) 509
[4] *A. P. Pchelnikov*, Zaschita metallov 14 (1978) 151
[5] *D. Kuchyňka, K. Mudra, M. Šimková*, Radiochem. Radioanal. Letters 32 (1978) 169
[6] *K. Asami, K. Hashimoto, Š. Shimodaira*, Corrosion Sci. 18 (1978) 125
[7] *M. Pražák, T. X. Seu, Kuchyňka*, Electrochimica Acta 25 (1980) 509
[8] *M. Pražák, D. Kuchyňka*, Report Eurokor London 1977
[9] *N. Pražák, D. Kuchyňka*, KOM 22 (1978) 45

Kurze Originalmitteilungen

Zur Berechnung der mittleren Energiedosisleistung für Bestrahlungsproben in einem inhomogenen zylindrischen Strahlenfeld

U. Prösch

(Sektion Chemie der Humboldt-Universität zu Berlin)[1])

Keywords

computer codes; dosimetry; irradiation plants; radiation doses; radiation fields

In Bestrahlungsanlagen, bei denen die Strahlungsquellen gemäß Abb. 1 in einzelnen Kanälen $a_1 \ldots a_n$ angeordnet sind, welche unmittelbar vom Abschirmmaterial umgeben sind, stellt das nutzbare Strahlenfeld geometrisch einen zylindrischen Raum dar. Je nachdem, wie viele Kanäle vorhanden sind und wie sie beschickt werden (Zahl, Abmessungen und Stärke der einzelnen radioaktiven Präparate), ergibt sich eine mehr oder minder homogene Dosisleistungsverteilung im zylindrischen Strahlenfeld. Inhomogenitäten können radial, in Abhängigkeit von einem Winkel α zu einer festgelegten Radienrichtung und mit der Zylinderhöhe auftreten. Es erweist sich demgemäß als notwendig, die Dosisleistung für eine größere Anzahl von Punkten experimentell zu ermitteln. Eine systematische Auswahl von Punkten in einem bestimmten Radienintervall a_0, einem Winkelintervall α_0 und einem Höhenintervall h_0 ist gegeben durch:

$$l = i \cdot a_0 \quad \text{mit} \quad i = 0,1 \ldots r/a_0$$

$$\alpha = j \cdot \alpha_0 \quad \text{mit} \quad j = 0,1 \ldots (360 - \alpha_0)/\alpha_0$$

$$s = k \cdot h_0 \quad \text{mit} \quad k = 0,1 \ldots h/h_0$$

wobei r der Zylinderradius und h die Zylinderhöhe des Strahlenfeldes sind (s. Abb. 1b). Die experimentell gemessenen Dosisleistungswerte können als Ausgangsgrößen für Folgeberechnungen in einem Datenfeld mit den Elementen $I(i, j, k)$ registriert werden.

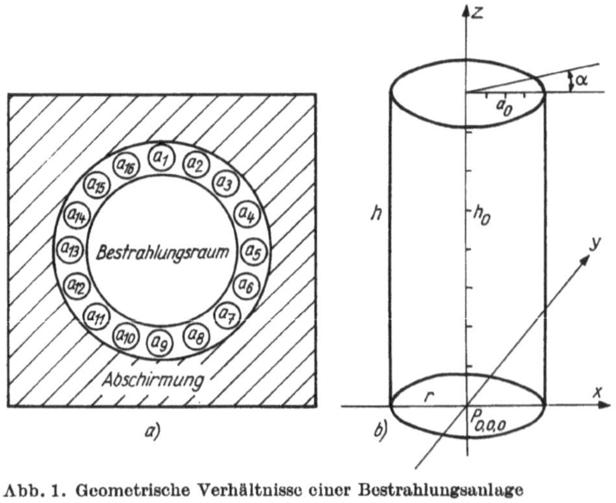

Abb. 1. Geometrische Verhältnisse einer Bestrahlungsanlage
a) Schematischer horizontaler Schnitt
b) Bezugssystem für das zylindrische Strahlenfeld

[1]) Anschrift: 1040 Berlin, Hessische Str. 1–2

Generell besteht nun die Aufgabe darin, mit einem begrenzten Wertevorrat die Dosisleistung an einem bestimmten beliebigen Punkt P des Strahlenfeldes anzugeben und aus solchen Einzelwerten die mittlere Dosisleistung zu berechnen, welche ein Probekörper im Strahlenfeld erhält.

In der Mehrzahl der Fälle lassen sich die Bestrahlungsproben als Zylinder (Reagenzglas, Becherglas, Pulverflasche), Quader (Werkstoffproben) oder Kugel (Rundkolben) beschreiben. Da in der Praxis die Strahlenfeldinhomogenitäten begrenzt sein sollten, sind einfachere Interpolationsansätze bezüglich der Bestimmung der Dosisleistung an einem beliebigen Punkt ausreichend, und die Mittelwertberechnungen für Probekörper können durch einfache numerische Integrationsprozeduren erfolgen.

Nachfolgend soll über ein für die Praxis der Dosimetrie einer MRCH-Gamma-100-Bestrahlungsanlage ausreichendes Rechenverfahren berichtet werden, welches zur Nutzung als Computerprogramm vorliegt (Programmiersprache BASIC).

Um die verschiedenen Probenkörper günstig rechnerisch darstellen zu können, wird für jeden Typ ein eigenes Koordinatensystem benutzt. Der jeweilige Koordinatenanfangspunkt wird mit dem Koordinatensystem des zylindrischen Strahlenfeldes (Abb. 1a) in Beziehung gesetzt. Wählt man für das Strahlenfeld cartesische Koordinaten und legt den Koordinatenursprung in den Mittelpunkt der Basisfläche $P(0,0,0)$, so erhält man den Koordinatenursprung des Probekörpers durch die Werte x_0, y_0, z_0. Die Lage des Probekörpers wird auch experimentell durch Messung von x_0, y_0 und z_0 am einfachsten bestimmbar sein. Ein beliebiger Punkt des Probenkörpers wird nun zunächst durch die Koordinaten des Probenkörpersystems beschrieben. Durch einfache Transformationen ist ein Übergang auf das cartesische Bezugssystem des Strahlenfeldes möglich (Tab. 1).

Da die experimentellen Bezugswerte der Dosisleistung gemäß einem System von Zylinderkoordinaten verteilt

Tab. 1. Koordinatentransformationen von Probekörpern auf das Strahlenfeld

Probe	Strahlenfeld		
	x	y	z
Punkt	x	y	z
Quader	$x_0 + u$	$y_0 + v$	$z_0 + w$
Kugel u. Zylinder	$x_0 + l \cdot \cos\alpha$	$y_0 + l \cdot \sin\alpha$	$z_0 + z'$

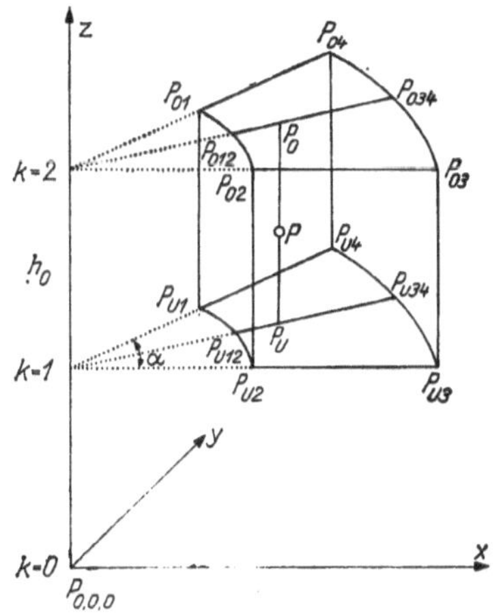

Abb. 2. Zur Lage der Bezugspunkte gegenüber einem ausgewählten Punkt P des Strahlenfeldes

sind, wird eine weitere Transformation in dieses System vorgenommen.

Zur Berechnung der Dosisleistung I an einem gewünschten Punkt P des Probenkörpers wird bei den praktisch vorliegenden Bedingungen eine Interpolation aus 8 benachbarten Meßwerten für ausreichend angesehen. Der Gang der Interpolation kann in Verbindung mit Abb. 2 beschrieben werden.

Die Dosisleistung I von P wird linear interpoliert zwischen den Werten der Hilfspunkte P_u und P_0, welche die Schnittpunkte der durch P gehenden Zylinderachsenparallelen mit den über und unter der Punktposition liegenden benachbarten Meßebenen darstellen. Die Dosisleistungswerte dieser Hilfspunkte werden ihrerseits durch Interpolation zwischen Werten der Punkte P_{012}, P_{034} bzw. P_{u12}, P_{u34} gewonnen, wobei diese ebenfalls interpolatorisch unter Nutzung der experimentellen Daten für $P_{01} \dots P_{04}$ und $P_{u1} \dots P_{u4}$ erhalten werden.

Die mittlere Dosisleistung für einen Probenkörper läßt sich durch Integration der Einzelpunktdosisleistungen über das jeweilige Probenkörpervolumen berechnen.

Gemäß dem dargelegten Prinzip wurde ein Programm entwickelt, dessen Merkmale in Verbindung mit dem Programmablaufplan (Abb. 3) beschrieben werden.

Nach dem Programmstart wird ein internes Datenfeld (in Form eines DATA-Blockes im Programmbereich 450—499) gelesen. Dieses Datenfeld enthält Angaben, die eine Aktualisierung der experimentell zu einem bestimmten Zeitpunkt gemessenen Dosisleistungswerte auf den Abfragezeitpunkt erlauben. Hierfür ist es notwendig, den Abklingfaktor $F = e^{-(\ln 2/\tau) \cdot t}$ zu berechnen, wobei t (in Tagen) die Zeit vom Meßdatum bis zum Abfragedatum ist. Im einzelnen entsprechen die anfangs im Datenblock bereitgestellten Werte folgenden Größen:

u_0 — Zahl der Tage im Eichjahr bis zum Eichdatum

u_2 — Eichjahr (voll ausgeschrieben)

u_3 — Halbwertszeit des verwendeten Nuklids in Tagen

a — Bezeichnung des Nuklids

b — Feld von Festdaten zur Monatsberechnung.

Als erste Eingabe im Dialogsystem wird vom Nutzer das Datum angefordert, zu dem die Dosisleistungsberechnung erfolgen soll. Die Daten werden durch Komma getrennt, das Jahr voll ausgeschrieben, z.B.: 27, 9, 1981. Der Abklingfaktor wird berechnet und zur Kontrolle ausgegeben. Nachfolgend wird erneut ein internes Datenfeld (DATA-block 500—599) gelesen. Hier werden die bei der experimentellen Eichung verwendeten Schrittweiten a_0, α_0 und h_0 sowie die Maximalwerte der Indizes i, j, k als l_3, a_3, h_3 bereitgestellt. Aus den letzteren Werten ist der Feldumfang n der Eichdaten berechenbar.

Unter Berücksichtigung der benutzten Rechenanlage Interdata 1/16 wird das Feld eindimensional dargestellt und in einem Zweitfeld gleichen Umfanges unter Verwendung von F der Satz aktualisierter Dosisleistungswerte bereitgehalten, der unter Verwendung von F gewonnen wurde.

Damit sind die einleitenden Schritte des Programmes abgelaufen. Es wird der Koordinatenursprung des Probenkörpers durch Eingabe festgelegt und anschließend der weitere Programmweg durch Eingabe einer Kennziffer bestimmt:

1 — Bestimmung der Dosisleistung für einen Einzelpunkt. Der Koordinatenanfangspunkt wird in diesem Fall zweckmäßig 0, 0, 0 sein, und dann werden die Werte x, y, z des gewünschten Punktes eingegeben. In einem Unterprogramm, das für alle Programmteile beansprucht wird, erfolgen die Koordinatentransformation, Auswahl der Vergleichswerte und die Interpolationen zur Gewinnung der Dosisleistung. Nach Ausgabe des Ergebnisses wird in diesem wie den übrigen Programmzweigen die Programmfortführung an die Programmwegsteuerung übergeben.

2 — Bestimmung der mittleren Dosisleistung für einen quaderförmigen Probenkörper. Als Eingangsgrößen werden hier die Länge (a), Tiefe (b) und Höhe (c) des Quaders, be-

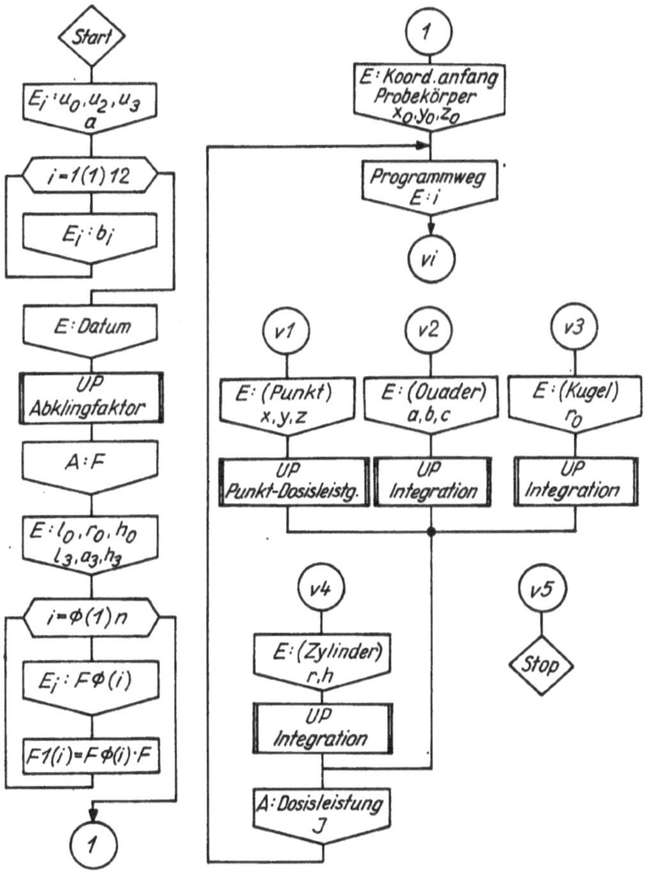

Abb. 3. Programmablaufplan des Programmes: EDOL

zogen auf den Koordinatenanfang des Probenkörpers, verlangt. Der Dosisleistungswert ergibt sich zu

$$I = \frac{1}{a \cdot b \cdot c} \int_0^c \int_0^b \int_0^a I(u, v, w)\, du\, dv\, dw$$

durch Mehrfachintegration mit einem numerischen Verfahren nach *Newton*-Koates mit jeweils 11 Stützstellen. Die Punktdosisleistungen an den Stützstellen werden über das Unterprogramm Einzelpunkt ermittelt.

3 — Bestimmung der mittleren Dosisleistung einer Kugel. Eingangsgröße ist hier der Kugelradius r_0. Die Lage der Kugel ist durch x_0, y_0, z_0 gegeben. Hier, wie bei allen anderen Probenkörpern, wird im Programmablauf kontrolliert, daß die Eingabedaten mit den Abmessungen des Strahlenfeldes vereinbar sind. Der Dosisleistungswert ergibt sich durch die Integration

$$I = \frac{3}{4 \cdot r_0^3 \cdot \pi} \int_{-r_0}^{+r_0} \int_0^{2\pi} \int_0^{s} I(l, \alpha, z')\, dl\, d\alpha\, dz'$$

mit

$$s = \sqrt{r_0^2 - z'^2}$$

Rechentechnisch können die Anfangs- und Endstützstelle des äußersten Integrals mit dem Wert 0 belegt und die Integrationsweite eingeschränkt werden.

4 — Berechnung der mittleren Dosisleistung des Zylinders. Eingangsgrößen sind hier der Zylinderradius r' und die Zylinderhöhe h'.

Der Dosisleistungswert ist gegeben durch

$$J = \frac{1}{r'^2 \pi h'} \int_0^{h'} \int_0^{1\pi} \int_0^{r'} I(l, \alpha, z')\, dl\, d\alpha\, dz'$$

Wegen der sehr ähnlichen Struktur der Integrationsabläufe greifen die Programmabschnitte für die verschiedenen Fälle programmintern ineinander.

5 — Dieser Programmweg beinhaltet eine Veränderung des Koordinatenanfanges des Probekörpers.

6 — Diese Kennziffer führt zum Programmstopp.

Für einen Satz von angenommenen Punktdosisleistungen mit entsprechend stark vergröberten Inhomogenitäten zur leichteren Kontrolle wurden Belegrechnungen durchgeführt. Nachfolgend ist abschließend ein Ausdruckbeleg gezeigt.

Eingegangen am 21. 5. 1981
Überarbeitete Fassung am 5. 8. 1981

```
DATUM :
TAG,MONAT,JAHR
2,10,1981
ZAHL DER TAGE SEIT DER EICHUNG: 186
ABKLINGFAKTOR FUER CO-60    F= .93486


KOORDINATENANFANG DES PROBENKOERPERS (X0,Y0,Z0):
0,0,0
      PUNKT,QUADER,KUGEL,ZYLINDER,KOORD.WECHSEL,STOP ?
EING:     1     2     3     4     5     6
1

EINZELPUNKTBESTIMMUNG DER DOSISLEISTUNG
PUNKTKOORDINATEN IN CM (X,Y,Z):
1,3,12
DOSISLEISTUNG AM PUNKT P MIT X= 1  Y= 3 Z= 12
I= 55.401
FORTSETZUNG .
PROGRAMMWEG ?
2

DOSISLEISTUNG FUER EINEN QUADER
LAENGE,BREITE,HOEHE ?
3,2.5,7
DOSISLEISTUNG I= 102.291
FORTSETZUNG .
PROGRAMMWEG ?
5

KOORDINATENANFANG DES PROBENKOERPERS (X0,Y0,Z0):
0,0,8
      PUNKT,QUADER,KUGEL,ZYLINDER,KOORD.WECHSEL,STOP ?
EING:     1     2     3     4     5     6
3

DOSISLEISTUNG FUER EINE KUGEL
RADIUS ?
4
DOSISLEISTUNG I= 70.4766
FORTSETZUNG .
PROGRAMMWEG ?
5

KOORDINATENANFANG DES PROBENKOERPERS (X0,Y0,Z0):
0,0,0
      PUNKT,QUADER,KUGEL,ZYLINDER,KOORD.WECHSEL,STOP ?
EING:     1     2     3     4     5     6
4

DOSISLEISTUNG FUER EINEN ZYLINDER
 RADIUS UND HOEHE ?
1.2,5.2
DOSISLEISTUNG I= 97.9256
FORTSETZUNG .
PROGRAMMWEG ?
6

  STOP 6003
```

Aus der Praxis

Einige spezielle Anwendungen der Flächengewichtsmeßanlage FMM 24004

Keywords

industry; metallurgy; milling; rolling; thickness gages

In der BMSR-Technik werden zur Flächenmassebestimmung an Papier, Karton, Vliesstoffen, Gestricken und Gewirken, zur Dickenmessung an Metallbändern, Plastfolien, Plasttafeln, Gummiplatten, zur Dichtemessung an Säuren Laugen, Erdölprodukten und zur Feststoffgehaltsbestimmung an Suspensionen vorwiegend radiometrische Meßprinzipien eingeführt und angewandt. Vorteilhaft an diesen Meßprinzipien ist die Möglichkeit des Aufbaues von Meßwertaufnehmern für eine kontinuierliche, berührungslose Messung mit kleinen Zeitkonstanten in widerstandsfähigen, der industriellen Anwendung angepaßten Gefäßsystemen.

Unter der Typenbezeichnung „Flächengewichtsmeßanlage FMM 24004" [3] hat der VEB Robotron-Meßelektronik „Otto Schön" Dresden ein Gerätesystem für den umfassenden industriellen Einsatz zur Ermittlung der o. g. Meßgrößen geschaffen. An nachstehend beschriebener Instrumentierung in einem Buntmetallkombinat sollen Kombinationsmöglichkeiten innerhalb des Gerätesystems gezeigt werden, wie sie ebenso in der Schwarzmetall-, Leichtmetall- oder Plastindustrie möglich sind.

Das Vormaterial wird als Block dem Walzwerk angeliefert. Die vorgewärmten Blöcke werden auf dem Warm-

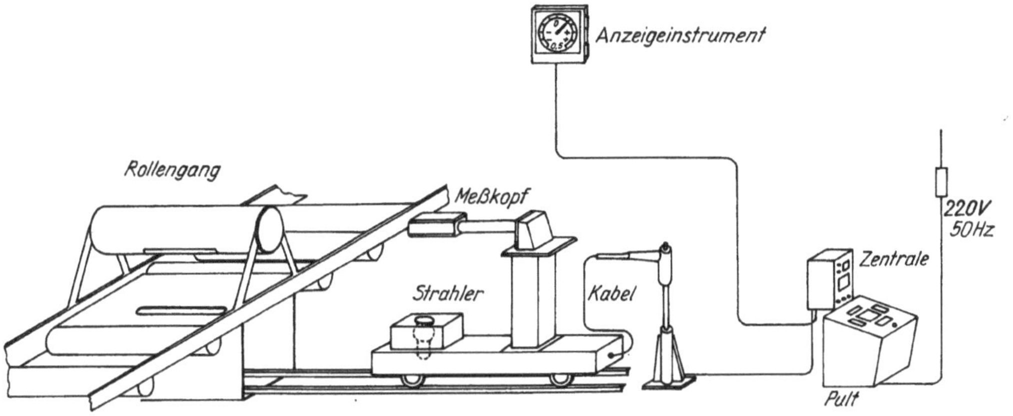

Abb. 1. Schematische Darstellung der Dickenmeßanlage am Duo

bandduo zu Brammen mit Dicken zwischen 15 ... 5 mm im Reservierbetrieb gewalzt. Die Maßhaltigkeit wird mit der Flächengewichtsmeßanlage auf der Ausgangsseite kontrolliert. Der für die Dichtemessung konzipierte Meßfühler, bestehend aus Strahler 74037, Strahlenquelle ^{137}Cs (Aktivität 111 BqG) und Meßkopf 23078, wird mit einem Meßspalt von 1000 mm am Rollengang nach den Blockricht- und Führungseinrichtungen aufgebaut (Abb. 1). Zum thermischen und mechanischen Schutz ist an der Meßstelle über dem Rollengang ein Schutzrohr befestigt, in das der Meßfühler eintaucht und das an der Meßstelle über die Strahlbreite ausgebrochen wird. Zusätzlich wird der Meßkopf mit Trinkwasser, das einen Durchsatz von 0,5 l/min hat, gekühlt.

Der Meßbereich und Anzeigebereich werden durch die Strahlenquelle bestimmt [2] und betragen:

Meßgut	Meßbereich	Anzeigebereich
Kupfer	1 ... 15 mm	±1 mm
Messing	1 ... 15 mm	±1 mm
Aluminium	1 ... 15 mm	±2 mm
Blei	1 ... 15 mm	±1 mm

Am Bedienstand des Duos ist die Zentrale 23023 aufgestellt. Die Soll-Enddicke für die Bramme wird an der Zentrale vorgegeben und mit einem analogen Anzeigeinstrument an der Zentrale und einem Parallelinstrument mit Drehwinkel 270 ° angezeigt.

Die Anzeigeverzögerung der Meßanlage wird durch eine adaptiv wirkende Zeitkonstante minimiert. Bei Sollwertabweichungen größer als ein Zehntel des Anzeigebereiches, z.B. bei einem Sprung von Dicke Null (fehlendes Meßgut) auf Istdicke (Einlauf der Bramme in den Meßspalt), wirkt die minimalste Zeitkonstante von 0,3 Sekunden. Die Istdicke wird mit einer Verzögerung von 1 ... 2 Sekunden angezeigt. Zur Verringerung des Meßfehlers, hervorgerufen durch die Statistik beim Zerfall der Strahlenquelle, wird die Zeitkonstante bei Sollwertabweichungen kleiner als ein Zehntel des Anzeigebereiches automatisch auf 2,4 Sekunden erhöht. Der Gesamtmeßfehler dieser Dickenmessung ist kleiner 1%. Die Einführung dieser Meßmethode bringt neben der kontinuierlichen Qualitätsüberwachung eine Arbeitserleichterung für das Bedienungspersonal.

An der technologisch dem Duo nachgeschalteten Fräsmaschine besteht zur Durchsetzung der Materialökonomie die Aufgabe, die Schnittiefe beim Fräsen, trotz Dickenänderungen der Brammen, auf kleiner 0,1 mm konstant zu halten. Die Schnittiefe läßt sich am Fräser durch seine Abnutzung und das Lagerspiel in der Fräseranstellung meßtechnisch nicht ermitteln.

Mit Flächengewichtsmeßanlagen gleicher Konfiguration wie am Duo wird die Eingangsdicke und Ausgangsdicke an der Fräsmaschine bestimmt. Die Sollwertabweichungen der Eingangsdicke werden von denen der Ausgangsdicke unter Berücksichtigung der Laufzeit des Meßgutes zwischen beiden Meßstellen subtrahiert. Der Quasi-Analogspeicher und Differenzbildner ist in der Differenzmeßzentrale 1220.2-10001 [4] dieses Systems zusammengefaßt. Der Differenzbildner zeigt die Abweichungen von der Sollschnitttiefe an und besitzt im speziellen Anwendungsfall die doppelte Auflösung innerhalb des Anzeigebereiches wie die Meßgeräte. Das Ausgangssignal der Differenzmeßzentrale repräsentiert damit eine Dickendifferenz der Schnittiefe von ±0,5 mm bei einem Strom von ±5 mA. Die Schnitttiefe wird automatisch über eine ausschlagabhängig getastete Schnittregelung auf ± < 0,1 mm konstant gehalten. Zur Sicherung der Fräsmaschine wird der Regelkreis zusätzlich mit von den Flächengewichtsmeßanlagen abgeleiteten Meßgrößen verriegelt: Abschaltung bei

- Bandriß oder keiner Bramme auf der Fräsmaschine,
- Überschreitung der Anzeigebereiche an den Meßanlagen (Grenzwertkontakte),
- ausgeschalteter Meßanlage (Netzkontrolle),
- fehlendem Fräserantrieb.

Die Verriegelung wurde so ausgeführt, daß bei Fehlen einer Bedingung der Automatikbetrieb unterbrochen, die Fehlfunktion optisch angezeigt und eine selbständige Zuschaltung beim Erreichen aller Bedingungen vorgenommen wird.

Diese Variante hat den Vorteil, daß das Bedienungspersonal während des Routinebetriebes keine Bedienhandlungen zur Einhaltung der Maßhaltigkeit auszuführen hat. Die Abweichungen von der Sollschnittiefe werden gut sichtbar mit einem analogen Anzeigeinstrument mit Durchmesser 360 mm angezeigt.

Das gefräste und geglühte Vormaterial wird anschließend auf Quartos zu Bändern mit Enddicken 2,5 ... 0,08 mm gewalzt. Die Dickenkontrolle und automatische Regelung der Dicke wird von Ausgangssignalen der Flächengewichtsmeßanlagen abgeleitet. Die prinzipielle Gerätezusammenstellung ist in Abb. 2 dargestellt. Das Einsatzverhalten wurde schon mehrfach in [2] und [5] beschrieben. Die Bedienung der Meßanlagen wurde auf die Sollwerteinstellung

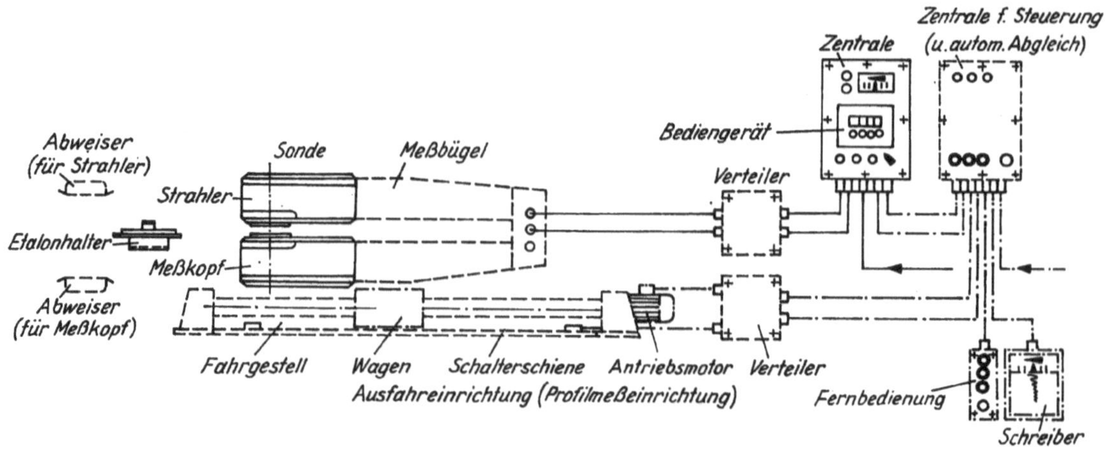

Abb. 2. Gerätezusammenstellung Flächengewichtsmeßanlage FMM 24004 für Dickenmessung im Durchstrahlungsverfahren

und Legierungskompensationsvorwahl an der Zentrale 23023 und die Positionseinstellung des Meßfühlers mit Hilfe der elektromotorisch angetriebenen Ausfahreinrichtung reduziert. Der Nullpunktabgleich der Meßanlage, das Abschirmen der Strahlenquelle in Schutzstellung, die Wahl des Anzeigebereiches und der Zeitkonstante sind zwangsgekoppelt mit den Bedienhandlungen an der Meßanlage.

Durch die Applikationen der Flächengewichtsmeßanlage 24004 in der Metallindustrie sollte die Kombinationsfähigkeit der Baugruppen erläutert werden. Die Einsatzfälle sind unter Verwendung von Beta-Strahlenquellen auf die Messung an beschichteten Textil- oder Papierträgern und die Flächenmassebestimmung übertragbar.

W. Henker
VEB Robotron Meßelektronik „Otto Schön" Dresden
Eingegangen am 8. 4. 1981
Überarbeitete Fassung am 12. 8. 1981

Literatur

[1] *H. Hart*, Radioaktive Isotope in der Betriebsmeßtechnik, 2. Auflage Berlin 1962
[2] *R. Heimann, K. Träber*, Radionuklide in der Automatisierungstechnik, Bd. 58, Berlin: VEB Verlag Technik 1974
[3] Bedienungsanleitung, Flächengewichtsanlage 24004
[4] *G. Dörfel, K. Reinhard*, msr 6 (1969) 5
[5] *W. Henker*, Fertigungstechnik und Betrieb 20 (1970) 299

Tagungsberichte

6. Internationale Konferenz über „Modern Trends in Activation Analysis", 15.–19. Juni 1981, Toronto, Kanada

Auf der von 305 Teilnehmern aus 35 Ländern besuchten Konferenz wurden 205 Beiträge über grundlegende Tendenzen, methodische Entwicklungen und neue Anwendungen der Aktivierungsanalyse diskutiert. Von der Zahl der Beiträge her standen die Anwendungen in der Medizin, der Biologie und im Umweltschutz im Vordergrund. Breiten Raum nahmen Verfahren der Spektrenauswertung und Standardisierung ein.

Nach wie vor nimmt der Kernreaktor unter den Aktivierungsgeräten eine beherrschende Stellung ein, wogegen sich die an Neutronengeneratoren und Cf-Quellen gestellten Erwartungen nicht erfüllt haben (*Lyon*, USA). In mehrere Reaktoren werden an Horizontalkanälen Siliciumeinkristalle als Neutronenfilter für die Neutroneneinfangspektrometrie eingebaut, mit der Multielementanalysen, besonders elegant aber die Bestimmung von Bor und Cadmium, ausgeführt werden können (*Anderson*, USA). Die Vorzüge der Aktivierung mit epithermischen Neutronen (*Steinness*, Norwegen) und der zyclischen Aktivierung (*Spyrou*, UK) wurden hervorgehoben.

Ein 8 MeV Elektronenlinearbeschleuniger fand zur Goldbestimmung in Erzen Einsatz (*Ivanov*, UdSSR). Neben systematischen Untersuchungen zur Photonenaktivierung (*Bertelot*, Belgien) wurde über die Bestimmung von N in Metallen berichtet.

Für viele Elemente werden auch mit der Protoneneinfangspektrometrie beachtliche Empfindlichkeiten erreicht, direkte Reaktionen benutzte *Engelmann* (Frankreich) zur Bestimmung von H und Na auf Glasoberflächen und *Chaudry* (Australien) zur Bestimmung von F.

Die Automatisierung der Analyse ist am besten bei der Uranbestimmung mit verzögerten Neutronen realisiert. Die automatisierte Spektrometrie wird meist mit einer Aufzeichnung der Spektren auf Magnetbänder verbunden, um auch eine visuelle Inspektion zu ermöglichen. Mit Hilfe der Kerndaten und deren Kombination mit Detektoreffektivitätsfunktionen kann die Zahl der erforderlichen Standards eingeschränkt werden (*Simonits*, Ungarn). Von besonderer Bedeutung für die Messung kurzlebiger Nuklide und die Analyse großer Serien geologischer Proben ist die Spektrometrie hoher Aktivitäten, die bis zu $7 \cdot 10^5\ s^{-1}$ möglich ist (*Westphal*, *Grass*, Österreich).

Die chemische Abtrennung der zu bestimmenden Komponenten vor der Aktivierung wird bei Einhaltung entsprechender Reinheit der Laborluft und Chemikalien jetzt durchaus akzeptiert, sie ist bei der Untersuchung von isolierten Enzymen ohnehin nicht zu umgehen.

In den Werkstoffen der Mikroelektronik müssen auch Uran und Thorium bestimmt werden, da die von diesen Elementen ausgesandte Alphastrahlung die Bauelemente-

funktion beeinträchtigt (*Bouldin*, USA; *Dyer*, USA; *James* USA).
Zur Bestimmung der Verunreinigungen in Niob muß man die vorherrschenden Aktivitäten abtrennen, die von W und Ta stammen (*Caletka*, BRD).

Die Untersuchung fossiler Brennstoffe nahm erstmalig einen breiten Raum auf einer Konferenz „Modern Trends" ein. Es kamen die Neutronenaktivierungsanalyse und die Photonenaktivierungsanalyse zur Anwendung (*Ledingham*, USA; *Leonhardt*, DDR), wobei auch eine Cf-Quelle eingesetzt (*Szikai*, Ungarn) wurde.

Die Anwendung der Aktivierungsanalyse in der Geologie ist sowohl auf die unmittelbare Lagerstättenerkundung gerichtet (*Hoffmann*, Kanada), wobei man auch die Anreicherung in bestimmten Pflanzen ausnutzt (*Valente*, U. K.), als auch der systematischen Untersuchung geochemischer Prozesse gewidmet (*Joron*, Frankreich); dabei spielen die Seltenen Erden eine dominierende Rolle (*Watterson*, Südafrika).

Eine Anzahl Vorträge war der „in vivo"-Aktivierungsanalyse gewidmet. Mit ^{252}Cf-Quellen konnte Cd bestimmt werden, dabei wurde die Neutroneneinfangstrahlung gemessen (*Mernagh*, Kanada; *Cummins*, U. K.; *Fletcher*, U. K.). In gleicher Weise erfolgte die Bestimmung von Stickstoff als Maß für das Ganzkörperprotein (*Chettle*, U. K.). Der Kalziumgehalt von Knochen wurde durch Aktivierung mit einer Pu-Be-Quelle (*Harrison*, Kanada) und das Ca/P-Verhältnis durch Aktivierung mit hochenergetischen Protonen ermittelt (*Kidd*, U. K.). Den Einfluß des Alters und der Umweltbelastung auf den Gehalt an Spurenelementen im menschlichen Haar untersuchten *Sakurai* (Japan) und *Takeuchi* (Japan). Weiterhin wurden die Konzentrationen der Spurenelemente im Gehirn (*Ehmann*, USA), in der Niere (*Damsgaard*, Dänemark), im Blut (*Antoniou*, Griechenland), im Zahnschmelz (*Deschamps*, Frankreich), in Leberproben (*Harrison*, USA) und in Gewebeproben untersucht, welche aus der Nachbarschaft von Gelenkprothesen aus Chrom-Nickel-Legierungen entnommen worden waren. (*Hofmann*, BRD). Zur Aufklärung des essentiellen Charakters von Spurenelementen wurden in tierischen Organen, in der Nahrung oder in abgetrennten Enzymen Spurenelemente bestimmt. In einigen Wasserpflanzenarten wurden z. T. erhebliche Elementanreicherungen festgestellt, z. B. 77 ppm Ag in einer Binse (*Wells*, USA).

Anwendungen der Aktivierungsanalyse in der Arbeits- und Kommunalhygiene demonstrieren Ergebnisse über die Bestimmung von Hg, As, W in Haaren und Fingernägeln von Dentisten, Zinkarbeitern und Werktätigen, die Hartmetalle herstellen (*Dale*, UK), von Hg im Haar, in Fingernägeln und in der Haut von Personen, die sich im Haushalt mit Hg vergifteten (*Smith*, UK), von Cr, Ni und Fe in der Lunge und in anderen Organen von Ratten, die Schweißrauch ausgesetzt waren. Eine Reihe von Beiträgen behandelte auch die Anwendung der Aktivierungsanalyse im Umweltschutz, in der Archeometrie und in der Kriminalistik.

S. Niese

Eingegangen am 19. 9. 1981

Informationen

IAEA/FAO/BRD. Vom 29. Juni bis 3. Juli 1981 fand in Neuherberg bei München ein von der Ernährungs- und Landwirtschaftsorganisation der UN (FAO) und der Internationalen Atomenergie-Agentur (IAEA) veranstaltetes internationales Symposium über das Verfahren der Strahlensterilisierung von Insekten und die Anwendung von Strahlung zur genetischen Insektenbekämpfung statt, an dem über 100 Experten aus 41 Ländern und Vertreter von 5 internationalen Organisationen teilnahmen.

Die steigenden Kosten der zur Herstellung von Schädlingsbekämpfungsmitteln benötigten Energie und deren zunehmende Wirkung auf die Umwelt haben zu der Erkenntnis geführt, daß die verschiedenen Maßnahmen zur Schädlingsbekämpfung zu integrierten Programmen zusammengefaßt werden müssen. Ein Verfahren, das in diesem Zusammenhang immer mehr Interesse gewinnt, ist die Strahlensterilisierung der Insekten. Dabei werden die Tiere im Puppenstadium oder später bestrahlt und dann in sehr großer Anzahl freigelassen, um sich mit den in der Natur vorhandenen Spezies zu paaren, deren Eier danach unfruchtbar sind. Die in den letzten 25 Jahren gemachten Fortschritte haben alle Erwartungen übertroffen; nach kleinen, isolierten Versuchen hat sich das Verfahren so weit verbreitet, daß es zu einem wesentlichen Teil der integrierten Programme ganzer Länder geworden ist. In Japan, den USA, Taiwan und Mexiko wird es im Rahmen kombinierter Bekämpfungsprogramme gegen den Baumwollkapselwurm, die Rinderwundfliege und verschiedene Fruchtfliegen angewandt, und in Obervolta und Nigeria werden großangelegte Versuche zur Bekämpfung der Tsetsefliege durchgeführt.

Seine wirtschaftliche Bedeutung ist am Beispiel der Tsetsefliege zu ersehen. Allein in Afrika führen die Nagana (die tierische Trypanosomiase) und ähnliche Erkrankungen zu einer schweren Beeinträchtigung der wirtschaftlichen Entwicklung. Die Tsetsefliege, die die Nagana überträgt, hat ein Verbreitungsgebiet von mehr als 7 Millionen km^2. Gelänge es, diese Krankheiten auszurotten, so könnten in Afrika der Rinderbestand um mindestens 120 Millionen Stück vermehrt und die Fleischproduktion um jährlich 1,5 Millionen t im Wert von 750 Mill. US-$ erhöht werden.

Auf dem Symposium wurden die wirtschaftlichen Aspekte und die Verfahren der Strahlensterilisierung von Insekten erörtert und deren Anwendung im Rahmen von Bekämpfungs-, Ausrottungs-, Quarantäne- und integrierten Schädlingsbekämpfungsprogrammen begutachtet. Feldversuche zur Bekämpfung von Tsetsefliegen, Fruchtfliegen, Eulen und Nonnen, Moskitos, Wadenstechern, Baumwollkapselkäfern, Rinderwundfliegen und Hornfliegen wurden beschrieben und ihre Ergebnisse diskutiert.

Eine Sondersitzung war der ausführlichen Erörterung eines Projekts gewidmet, das 1977 unter Leitung der IAEA angelaufen ist und die praktische Integration der Strahlensterilisierung in das Programm zur Bekämpfung der Tsetsefliege von Vom, Nigeria, zum Ziel hat.

IAEA. Der Generaldirektor der Internationalen Atomenergie-Agentur (IAEA), Dr. *S. Eklund*, gab folgende Neuernennungen bekannt:

- *M. M. Nofal* (Ägypten) zum Direktor der Abteilung für Biologische Wissenschaften an der Hauptabteilung für Forschung und Isotope;
- *M. Rosen* (USA) zum Direktor der Abteilung für Nukleare Sicherheit an der Hauptabteilung für Technische Operationen;
- *C. G. Lamm* (Dänemark) wurde zum Direktor an der Gemeinsamen Abteilung der FAO und IAEA für die Verwendung der Atomenergie zur Weiterentwicklung des Ernährungswesens und der Landwirtschaft befördert.

IAEA. In Nummer 2/1981 des „International Atomic Agency Bulletin" sind folgende Beiträge enthalten:
The economics of uranium supply and demand (*Ph. Darmayan*);
Estimated natural uranium requirements to the year 2000 (*L. L. Bennett*);
World uranium resources (*M. V. Hansen*);
Recent developments in uranium exploration and The Agency's activities in the field of nuclear materials (*P. M. Barretto*);
Extracing uranium from its ores (*D. C. Seidel*);
Occupational radiological safety in uranium mines and mills (*J. U. Ahmed*);
Management of wastes from uranium mines and mills (*K. T. Thomas*);
Spent fuel management (*I. L. Rybalchenko, J. P. Colton*);
The Agency's activities in radioactive waste management (*D. K. Richter*);
Elimination of waste actinides by recycling them to nuclear reactors (*H. A. C. McKay*).

Tagungsberichte:
International symposium on induced mutations as a tool for crop plant improvement (Wien, März 1981);
Seminar on selection and implementation of safety standards for nuclear power plants (Wien, Dezember 1980).

IAEA/Ägypten. Im Anschluß an die am 26. Februar 1981 erfolgte Ratifizierung des Kernwaffensperrvertrages durch Ägypten fanden zwischen der Internationalen Atomenergie-Agentur (IAEA) und Ägypten Verhandlungen über das darin vorgesehene Kontrollabkommen statt. Ende Juni 1981 wurden diese Verhandlungen erfolgreich abgeschlossen und der einvernehmlich festgelegte Text des Kontrollabkommens am Amtssitz der IAEA paraphiert. Der Text wurde dem Gouverneursrat der IAEA auf dessen Tagung im September 1981 zur Genehmigung unterbreitet.

BRD. Am Linearbeschleuniger UNILAC in Darmstadt wurde ein Experiment mit dem Ziel durchgeführt, superschwere Elemente aufzufinden, deren Entstehung im Ergebnis der Synthesereaktion $^{238}U + ^{238}U$ erwartet wird. Dabei wird davon ausgegangen, daß zunächst ein Zwischenproduktkern gebildet wird, der anschließend in leichte und schwere Kerne zerfällt. Nach vorliegenden theoretischen Abschätzungen besitzt dabei die Entstehung von Kernen mit 114 Protonen und 182 bzw. 184 Neutronen die größte Wahrscheinlichkeit. Beim Beschuß eines metallischen ^{238}U-Targets mit beschleunigten ^{238}U-Kernen gelang es jedoch nicht, die Bildung superschwerer Elemente nachzuweisen.

BRD/Belgien Die Gesellschaft für Wiederaufbereitung von Kernbrennstoffen mbH (DWK) plant, in der Nähe der Eurochemic-Wiederaufarbeitungsanlage in Mol (Belgien) eine Pilotanlage für die Verglasung hochradioaktiver Rückstände mit einer Kapazität von 30 l/h zu errichten. Die hochaktiven Rückstände sollen entweder in Glaskügelchen aus Borosilikat eingeschmolzen, in Edelstahlbehälter gefüllt und dann mit Blei vergossen werden, oder die flüssigen Abfälle werden der Glasschmelze zugesetzt und diese anschließend in Edelstahlkokillen abgefüllt. Dieses Verfahren wurde von der Fa. Gelsenberg, dem Kernforschungszentrum Karlsruhe und der Eurochemic entwickelt. Während einer Betriebszeit von zunächst 2 Jahren sollen die bei Eurochemic lagernden 60 m³ hochaktiver Abfälle verglast werden. Außerdem ist beabsichtigt, die mit der Pilotanlage gewonnenen Betriebsergebnisse zur Überprüfung der Auslegungskriterien für eine in der BRD zu errichtende Verglasungsanlage zu nutzen.

Schweiz. Die Nationale Genossenschaft für die Lagerung radioaktiver Abfälle (Nagra) informierte über einen von ihr dem Institut für Grundbau und Bodenmechanik der Eidgenössischen Technischen Hochschule Zürich (ETH) erteilten Auftrag, die Eignung von Bentonit als Abdichtmaterial für Endlager hochradioaktiver Abfälle zu untersuchen. Bentonit, ein Ton vulkanischen Ursprungs, besitzt eine hohe Plastizität und kann unter Volumenvergrößerung beträchtliche Wassermengen aufnehmen. Er soll als Umhüllungsmaterial Behälter mit verglasten hochradioaktiven Abfällen im Endlager vor Beschädigung und Wasserzutritt schützen. Bei seinen Untersuchungen wird das ETH-Institut mit schwedischen Einrichtungen zusammenarbeiten. Die in Schweden durchgeführten Versuche mit Natriumbentonit sollen überprüft werden; im Mittelpunkt des Forschungsauftrags sollen jedoch Untersuchungen an Kalziumbentonit stehen, der in Europa in ausreichenden Mengen vorkommt. Untersucht werden sollen die Quellfähigkeit des Betonits, seine Wasserdurchlässigkeit, die Ausbreitung von gelösten Stoffen im Bentonit, seine Wärmeleitfähigkeit, die Schrumpfung bei Wasserentzug und die Verdichtbarkeit. (Nach SVA-Bulletin 12/1981.)

Frankreich. Nach einer Mitteilung der französischen Regierung wird die Gesamtkapazität der Urananreicherungsanlage in Tricastin, die Ende 1981 erreicht werden sollte, die Hälfte der Anreicherungskapazität aller analogen Anlagen in den USA und ungefähr ein Drittel der gesamten Produktionskapazität der Anlagen der kapitalistischen Länder betragen.

Italien. Nach einer Mitteilung des italienischen Atomenergiekommissariats (CNEN) wurde im Forschungszentrum Frascati ein bemerkenswerter Erfolg auf dem Gebiet der thermonuklearen Fusion erzielt. Mit dem Frascati-Tokamak (FT) gelang es, Plasma bei 10 Mill. K einzuschließen und einen Fusionsindex von $4 \cdot 1{,}5$ zu erreichen. Der Faktor 4 ist der *Lawson*-Parameter bei einer Teilchendichte von $10^{14}/cm^3$, der Faktor 1,5 steht für die Temperatur in keV. Der Frascati-Tokamak soll demnächst durch den bereits im Bau befindlichen Frascati-Tokamak-Upgrade (FTU) ersetzt werden.

Ungarn. Eine Methode zur Messung von Gamma-Gamma-Koinzidenzen mit nur einem Ge(Li)-Halbleiterdetektor (Volumen: 100 cm^3) wurde im Institut für Kernforschung Budapest entwickelt. Die Methode beruht auf der Analyse der Summenpeaks in den Gammaspektren und erfordert weder eine aufwendige apparative Ausrüstung noch Datenverarbeitungsanlagen mit großer Speicherkapazität. Sie wurde bisher erfolgreich zur Informationsgewinnung über Koinzidenzen bei den Gammaübergängen während des Abklingens angeregter ^{206m}Tl-Kerne eingesetzt, die durch Neutronenbeschuß von ^{209}Bi entstehen.

Großbritannien. Im Kernforschungszentrum Harwell wurde ein Verfahren für die Messung der Sauerstoffkonzentration in Natrium, das als Wärmeträger in schnellen Flüssigmetallreaktoren zum Einsatz kommt, durch Gammaaktivierungsanalyse entwickelt. Bei diesem Verfahren ist die Verunreinigung der zu entnehmenden Natriumproben durch atmosphärischen Sauerstoff oder Sauerstoffverbindungen ausgeschlossen. Die genaue Kenntnis des Sauerstoffgehalts im Natrium ist für die Bestimmung der Korrosionsgeschwindigkeit der Konstruktionswerkstoffe in solchen Reaktoren von großer Bedeutung. Die mit dieser Methode erzielten Ergebnisse zeigen eine befriedigende Übereinstimmung mit denen, die unter Verwendung des herkömmlichen Verfahrens der Vakuumdestillation erhalten werden.

USA. Im polytechnischen Institut von Worcester (US-Staat Massachusetts) wurde die Kernreaktion (n, 2n) mit 14,5-MeV-Neutronen an ^{127}I untersucht. Der Wirkungsquerschnitt der Kernreaktion beträgt 1,35 barn. Als Target wurde NaI verwendet, das gleichzeitig als Detektor zur Registrierung der ausgesandten Gammastrahlung diente. Die gemessenen Winkelverteilungen der Neutronen sind, bezogen auf einen Winkel von 90°, symmetrisch und befinden sich somit in guter Übereinstimmung mit den Vorhersagen der Theorie des statischen Zerfalls eines Compoundkerns.

Japan. Die Asahi Chemical Industry Co. (ACI) erhielt von der Science and Technology Agency (STA) die Genehmigung zur Errichtung einer Versuchsanlage in Hyuga für die Urananreicherung auf der Grundlage eines chemischen Verfahrens. Die Anlage soll bis 1983 fertiggestellt sein (geschätzte Kosten: 4,2 Mrd. Yen) und eine Produktionskapapzität von rund 500 kg auf 3% ^{235}U angereichertes Uran pro Jahr besitzen.

VR China. Nummer 1 (1981) der vom Institute of Nuclear Research, Academia Sinica, Shanghai, herausgegebenen Zeitschrift „Nuclear Techniques" entält folgende Beiträge:
The theoretical basis of small molecules radioimmunoassay;
Radioimmunoassay of progesterone;
The measurement of absolute intensity of medical isotopes ^{131}I and ^{198}Au by efficiency extrapolation method;
The measurement of phosphorus contained in the semiconductor device;
Graft copolymerization of methacrylic acid — divinylbenzene from its aqueous solution with pre-irradiatted F_{46} film;
Absolute determination of exposure for 60 ... 250 kilovolt X-rays;
Proton activation analysis for nitrogen in Ta and Nb;
A quartz oscillation monitor for control of film thickness;
Concentration and separation of noble metals on the chelating resins — The investigation of adsorption behaviour of Ir(IV) and Rh(III) in HCl medium using radioactive indicators;
The measuring and theoretical estimation of exposure in a radiation field with 150,000 Ra.eq. extended radiation source.

Die Zeitschrift (Chefredakteur: Prof. *Zhang Jia-hua*) erscheint in chinesischer Sprache mit Inhaltsangabe und Zusammenfassungen in Englisch.

Buchbesprechungen

Arid-zone Hydrology: Investigations with Isotope Techniques Proceedings of an Advisory Group Meeting, Vienna, 6.—9. 11. 1978

Panel Proceedings Series-STI/PUB/547. Vienna: IAEA 1980; 265 S., 108 Abb., 36 Tab; ÖS 390,—

Vom 6.—9. 11. 1978 fand in Wien ein Beratertreffen statt, das von der IAEA organisiert und den Anwendungen von Isotopenmethoden in der Hydrologie arider und semiarider Gebiete der Erde gewidmet war. Es nahmen 30 Wissenschaftler teil, die 12 Länder und 2 Organisationen (IAEA und FAO) repräsentierten. Es wurden 17 Vorträge gehalten, die nunmehr in Buchform vorliegen.

Aride Gebiete der Erde, wo weniger Niederschlag im Jahresmittel fällt als verdunstet, bedürfen einer besonders intensiven hydrologischen Bearbeitung, kann doch nur durch Bereitstellung von Wasser eine Besiedelung überhaupt erst ermöglicht werden, ganz abgesehen von einer landwirtschaftlichen Nutzung. Mit diesem Band vervollständigt die IAEA das Gebiet der Isotopenhydrologie — Binnenseen, Grundwasser und Isotopenwerte in den Niederschlägen sind bereits abgehandelte Themen.

Die Thematik wird in zwei große Teile untergliedert: Untersuchungen zur Grundwasserneubildung (9 Vorträge) und Untersuchungen zur Herkunft des Grundwassers und der Strömungen (8 Vorträge). Von den ariden/semiariden Zonen wurden behandelt: die Negev-Wüste, Saudi-Arabien, Australien, Mexiko, Indien, Brasilien, Libyen, östliches Jordanland und Dschibuti. Neben dem beispielhaften Charakter der näher dargestellten Probleme wird vor allem der allgemein angewendete methodische Weg verdeutlicht:

Eingangsdaten der Umweltisotope, meist als $\delta_D/\delta^{18}O$-Gerade verifiziert, Zusammenhang von Umweltisotopen insgesamt ($\delta^{13}C$- und $\delta^{14}C$-Werte, T- und ^{14}C-Modellalter), Markierungsversuche mit künstlichen Tracern, vor allem ^{60}Co in Form des EDTA-Komplexes und des Hexacyanokomplexes, und schließlich der Zusammenhang von Umweltisotopen mit hydrochemischen Daten (Ionenkonzentrationen, Härten).

Sowohl Laboratorien in Entwicklungsländern, die mit Problemen der Wassersuche und Wasserbereitstellung befaßt sind, als auch Laboratorien, die für Entwicklungsländer in Kooperation wissenschaftliche Arbeit auf diesem Gebiet zu leisten haben und leisten, ist diese Schrift eine gute und anwendungsbereite Quelle von Hinweisen und von bearbeiteten Beispielen. In Grenzen können auch Verallgemeinerungen abgeleitet und Schlußfolgerungen gezogen werden. Sie ist aktuell, ausführlich und von Experten auf diesem Gebiet verfaßt; sie sollte deshalb eine weite Verbreitung erfahren, wo auch immer solche Probleme anstehen.

H. Hübner

Reaktor-Sicherheitstechnik

D. Smidt, Berlin, Heidelberg, New York: Springer-Verlag 1979. 291 S., 148 Abb., 30 Tab. DM 148,—: U$ 81,40

Probleme der Kernkraftwerks-Sicherheitstechnik spielen eine wachsende Rolle mit der Zunahme der Zahl der in Betrieb befindlichen Kernkraftwerke, so daß das Buch von *Smidt* eine aktuelle Thematik zum Gegenstand hat. Es behandelt Fragen der Sicherheitstechnik für Druck- und Siedewasserreaktoren sowie für schnelle Brutreaktoren. Breiter Raum ist der Analyse von Störfallabläufen gewidmet, die die Grundlage für die Bewertung der Sicherheit eines Kernkraftwerks bilden. Die Darstellung ist übersichtlich und wird durch Abbildungen und Tabellen eingehend illustriert. Das Buch enthält ferner eine kurze Beschreibung und Auswertung des Störfalls im Kernkraftwerk Three Mile Island bei Harrisburg (USA), aus dem zahlreiche Hinweise für die Lösung von Fragen der Kernkraftwerkssicherheit entnommen werden können. Insgesamt beruht die Methodik, die *Smidt* anwendet, auf technischen Lösungen und Konzeptionen, die in der BRD entwickelt bzw. angewendet werden, sowie auf in den USA entwickelten technischen Lösungen. Trotz einiger wesentlicher Unterschiede in der Technik, die bei den in der Sowjetunion entwickelten Kernkraftwerken bestehen, wie auch unterschiedlicher Auffassungen zu prinzipiellen Fragen, ist das Buch für eine Einarbeitung in die Problematik gut geeignet. Die in ihm enthaltenen Literaturangaben ermöglichen die Erschließung zahlreicher Originalarbeiten. Daher kann das Buch einem breiten Kreis von Fachleuten empfohlen werden.

K. Meyer

Physiologische Chemie

G. Löffler, P. E. Petrides, L. Weiss, H. A. Harper; 2. völlig überarb. Auflage, Berlin—Heidelberg—New York: Srpinger-Verlag 1979; 940 S., 672 Abb., 199 Tab.; DM 98,— gebunden approx. US$ 53,90

Die 1. Auflage der Übersetzung des Lehrbuches „Physiological Chemistry" von *Harold A. Harper* erschien 1975 in der Autorenreihenfolge *Harper, Löffler, Petrides* und *Weiss.* Diese Auflage hatte genau die gleiche Seitenzahl wie die vorliegende 2. Auflage, aber nur insgesamt 25 Kapitel. Jetzt sind 6 weitere Kapitel neu hinzugekommen, ebenso ist die Zahl der Abbildungen und Tabellen erhöht worden, so daß sich die Neuauflage auch in einer berechtigten Änderung der Reihenfolge der Autoren von der Erstauflage deutlich unterscheidet. Zum Aufbau wäre zu sagen, daß die bewährte und didaktisch leicht überschaubare Einteilung in einen Teil A: Stoffe und Stoffwechsel der Zelle und einen Teil B: Struktur und Stoffwechsel der Gewebe beibehalten wurde. Der Teil A zerfällt noch einmal in die Unterabschnitte Bausteine der Zelle (S. 3—155) und Energie- und Materialumsatz der Zelle (S. 157—602) — der größte Lehrabschnitt im vorliegenden Lehrbuch, womit neben der angehäuften Vielfalt an Wissen gewiß auch eine Hervorhebung von seiten der Autoren deutlich gemacht werden soll. In diesem Unterabschnitt sind auch eingreifende Änderungen im Vergleich zur 1. Auflage vorgenommen worden: 4 Kapitel sind neu hinzugefügt worden, ohne die Seitenzahl zu erhöhen, im Gegenteil. Dies konnte nur durch eine vertretbare und gelungene Straffung des Textes geschehen.

Nun zu einigen wenigen Ungenauigkeiten in den Formulierungen: auf S. 551 wird das Diradikal $\cdot O - O\cdot$ nur als eine andere Schreibweise für den molekularen Sauerstoff eingeführt — dies ist keine Frage der Schreibweise (Paramagnetismus des O_2); auf S. 552, Abb. 20—13 ist kein Alkylperoxid, sondern ein Alkylhydroperoxid gemeint, und die Reaktion von O_2 mit einer ungesättigten Verbindung läuft nicht als Additionsreaktion unter Bildung eines viergliedrigen Peroxids ab (Abb. 20—14), sondern in α-Stellung zur Doppelbindung unter Bildung zunächst eines Hydroperoxides, manchmal mit anschließender Wanderung der Doppelbindung in Allylstellung zur Hydroperoxid-Gruppe. Auf S. 263 wird ein jährlicher Weltenergieumsatz in Maschinen von derzeit etwa $4 \cdot 10^{19}$ kJ angegeben; die derzeitige Welterzeugung von Elektroenergie dürfte bei etwa 10^7 GWh sein, was $3{,}6 \cdot 10^{19}$ J entspricht — es sollte deutlich gemacht werden, welche Energieform gemeint ist. Druckfehler konnten nur ganz wenige gefunden werden:

5, 811, 14 Eicosatetraenyl-CoA auf S. 373, Phosphorblei auf S. 385 und Methandrosternolon im Inhaltsverzeichnis auf S. 904. Die gewiß etymologisch richtigere Schreibweise Skelet dürfte sich kaum orthographisch durchsetzen; hier scheinen mit die Empfehlungen des Dudens stärker zu sein.

Das Grundanliegen des Buches ist es, ein Lehrbuch zu sein. Bei der zitierten Literatur fällt auf, daß vor allem weiterführende Übersichtsarbeiten, Lehr- und Handbücher bzw. Monographien und nur in einigen Fällen Einzel- bzw. Originalarbeiten aufgeführt sind. Eine Analyse ergibt folgendes Bild: von den insgesamt 834 Literatur-Hinweisen sind 484 Übersichtskarten (entspr. 58%), wobei der Hauptteil aus den Jahren 1976 bis 1978 (insgesamt 203) stammt. Lehr- und Handbücher, Monographien sind mit 264 Zitaten (entspr. 32%) vertreten und die Einzelarbeiten mit 86 Zitaten (entspr. 10%). Dieser ungeheure Fundus an Hinweisen weiterführender Literatur ist bedeutsam und scheint den angekündigten Charakter — nur ein Lehrbuch zu sein — weit zu überbieten: Es ist auch für den Praktiker eine verläßliche Quelle für seine Literaturarbeit auf dem Gebiet der Biochemie/Pathobiochemie des Menschen. Die 13 angegebenen Zitate aus Sci. Amer. sollten mit Heft-Nummern versehen werden, da es mühsam ist, die Arbeiten in einem ganzen Jahrgang zu finden.

Zum Inhaltsverzeichnis, das recht ausführlich ist, wäre zu bemerken, daß es zweckmäßiger wäre, die Hinweise zum Gegenstandskatalog „Physiologische Chemie" vor dem Inhaltsverzeichnis zu bringen, wie in der 1. Auflage. Außerdem sind noch manche Ergänzungen anzubringen, z.B. werden die Prokaryonten und Eukaryonten auf den Seiten 80, 82, 199, 200, 201, 206, 210, 225—28, 244 und 302 erwähnt, im Inhaltsverzeichnis ist aber nur der Seitenhinweis 210 enthalten. Gleiches gilt für die Wirkung der UV-Strahlung S. 235, 236, für Succinatsemialdehyd S. 826, für die Glucocorticoidproduktion bei Streß S. 646 und für die radioimmunologischen Verfahren (RIA) S. 612, 617, 620, 639, 659 oder Radio-Fe S. 539, Radio-Kohlenstoff, S. 325, 329, 659 und Radio-Jodtherapie S. 619, die alle nicht im Inhaltsverzeichnis aufgeführt, aber doch meines Erachtens erwähnenswert sind.

Da der moderne Mensch laufend einer Vielzahl von Umweltbelastungen ausgesetzt ist, sollte man dem in weiteren Auflagen dieses Lehrbuches auch Rechnung tragen. So wird auf S. 722 zwar eine gesteigerte Methämoglobinämie bei Säuglingen und Kleinkindern vermerkt, aber kein Hinweis auf den mancherorts zu beobachtenden Anstieg des NO_3-Gehaltes im Grundwasser gegeben. Auch ein Hinweis auf Gefahren von seiten umweltbelasteter Nahrungsketten (Hg, Cd, Pb ...) scheint notwendig zu sein und wert, in einem größeren Zusammenhang dargestellt zu werden. Gleiches gilt für die natürliche und künstliche Belastung durch ionisierende Strahlung (Reaktorunfälle, Pu-Giftigkeit), und überhaupt sollte der physikalischen Cancerogenese (S. 883) mehr Raum zukommen (UV-Strahlung S. 198, 879, 883, Ozonschild der Erde). Es gibt Aktualitäten von Problemen, die man gewissermaßen im voraus erwarten kann; letztere Hinweise zielen in diese Richtung, um den angehenden Mediziner damit zu informieren. Alles in allem ein gutes Lehrbuch von hohem didaktischem Wert und eine verläßliche Quelle für weiterführende Literatur.

H. Hübner

Preparation and Control of Radiopharmaceuticals in Hospitals

K. Kristensen, Technical Reports Series No. 194. Vienna: IAEA 1979; 119 S., div. Abb. u. Tab.; Austr. S. 185,—

Die Anwendung von radioaktiven Materialien in der Medizin zur Diagnose oder Therapie gewinnt immer mehr an Bedeutung. Vor allem kurzlebige Radionuklide werden sehr häufig für diese Zwecke angewandt. Damit sind Fragen der Qualitätsprüfung besonders wichtig. Insbesondere deshalb, weil bei solchen kurzlebigen Radionukliden die Qualitätskontrollteste häufig erst nach der Verabreichung durchgeführt werden.

Anläßlich einer von der IAEA organisierten Koordinierungstagung über die Qualitätskontrolle von Radiopharmazeutika im April 1976 in Wien wurden entsprechende Vorschriften für die Herstellung und Kontrolle von Radiopharmazeutika, insbesondere zur Hilfe auch für Entwicklungsländer, gefordert. Diese Vorschriften liegen nun im Rahmen der Technical Reports Series der IAEA vor.

In diesem Buch werden neben einem einleitenden Kapitel allgemeine Aspekte der Herstellung, der Kontrolle und Handhabung von Radiopharmazeutika abgehandelt, wobei auch die von der IAEA vorgeschlagenen Aktivitätsgrenzen, Laborklassen und andere strahlenschutztechnische Probleme besprochen werden. In einem weiteren Kapitel werden die allgemeinen Grundlagen der Herstellung von Radiopharmazeutika hinsichtlich der personellen und räumlichen Voraussetzungen, der Ausrüstung und der Qualitätskontrolle besprochen, während in einem weiteren Abschnitt spezielle Radiopharmazeutika, wie Technetium-99- und Indium-113-Präparate abgehandelt werden. Auch hier werden neben der eigentlichen Herstellung die Qualitätskontrolle, die Lagerungsanforderungen, Arbeitsanweisungen sowie Dokumentationsprobleme diskutiert. Zusätzlich werden einige Angaben über die Vorschriften für einen eventuellen Transport gemacht. In einem Anhang werden Vorschläge zur Dokumentation gebracht, werden physikalische Konstanten des radioaktiven Zerfalls von Technetium angegeben, Methoden der Messung von Molybdän-99 in Technetium-99 vorgestellt und entsprechende Hinweise für Indium-113 gegeben sowie Vorschriften für die sterile Herstellung solcher Präparate angeführt. Endlich werden einige Begriffe, die für die Herstellung und Anwendung von Radiopharmazeutika wichtig sind, erklärt. Als Abschluß ist eine Reihe von wichtigen Literaturangaben zum vertiefenden Studium angefügt. Damit ist das Buch nicht nur für den unmittelbar angesprochenen Kreis der Radiochemiker, Pharmazeuten und Mediziner in entsprechenden Krankenhäusern von Bedeutung, sondern dürfte auch für alle Hersteller von Radiochemikalien Interesse besitzen.

H. R. Schütte

Ökologie
Ein Lehrbuch

H. Remmert. 2., neubearb. u. erw. Auflage. Berlin, Heidelberg, New York: Springer-Verlag 1980; 304 S., 189 Abb., 12 Tab.; geheftet DM 44,—; approx. US $ 26,—

Ökologie — ein schwieriges Wort, oft ein Reizwort, aber mit gutem Inhalt für den behüteten Fortbestand der Lebewesen auf unserer Erde, auch der Menschen. Der Autor, von der Seite der Biologie her kommend, gliedert das Buch in 3 große Abschnitte: Autökologie (106 S.), Populationsökologie (70 S.) und Ökosysteme (88 S.). Jedem dieser Abschnitte sind 3 bzw. 4 Fallstudien angegliedert, mit welchen man zeigen will — und auch kann —, wie eine spezielle Frage mit ihren eingrenzenden Bedingungen angegangen werden kann und welche Antworten sich daraus ergeben, eine moderne Art und auch eine didaktisch wirksame Weise zur Einarbeitung in eine Disziplin. Um beim Didaktischen zu bleiben, so wäre es sehr angebracht, die Vielzahl der verwendeten Begriffe in einem Glossar zusammenzufügen und auch klar zu definieren. Beispiele dafür wären: *Frazer-Darling*-Effekt, RGT-Regel, Bioindikatoren, Schlüsselart, Kulturfolge, Saprobiensystem, Panmixie, Diapause, Poikilosmotie, Mikro-Pinozytose, Allelopathie (und nicht Allelophatie wie auf S. 75), *Hardy-Weinberg*-Gesetz, biozönotische Konnexe, Supralitoral, auch Nische, was vom Verfasser auf S. 67 von anderen Autoren abverlangt wird u. a. m.

Außer der Vielzahl der Druckfehler und Unachtsamkeiten, beispielsweise Plankton-Algen S. 233, Planktonalgen S. 235, Kultur-Folge S. 183, Kulturfolge S. 184, Homoi-Osmotie S. 17, Homoiosmotie S. 19, Netto-Primärproduktion in allen Kombinationen auf S. 210, sind leider auch manche sinnentstellenden Fehler enthalten, so z.B. Feindruck S. 146, Eigennamen wie Avasaka S. 196 oder 7-De-Hydrocholesterol anstelle von 7-Dehydrocholesterol S. 60, KCal sollte wohl kcal sein, oder es sollte vielleicht noch besser in der SI-Einheit J angegeben werden. Oxyd ist noch auf S. 213 und S. 276 zu finden, activitybox erfreut keinen Anglisten (S. 49), und Gardasson in litt. S. 244 ist vollkommen unverständlich. Raubvögel sollten auch besser durch Greifvögel ersetzt werden. Dazu kommen noch Fehler der Art wie Abschluß der Kaimane S. 207, Pllanzen S. 222, inzeln S. 136, Viehh-erden S. 274 und Detritis-Nahrungskette S. 235 u. a.

Ganz falsch ist eine Angabe Watt $\times$ cm^2; Lux für Lichtintensität S. 268 oder die schon in der 1. Auflage (S. 180) enthaltene und in der 2. Auflage (S. 200) erneut geführte Argumentation über den Diversitätsindex. Es ist keine Taschenrechnerungenauigkeit (übrigens von $5 \cdot 10^{-12}$ bei Differenzbildung von 1. und 2. Vogelgruppe), sondern es handelt sich um ein und denselben Wert, nämlich $2 \cdot \ln \frac{1}{2} = -1{,}386294 \ldots$, denn $4 \times \frac{1}{4} \cdot \ln \frac{1}{4} = 4 \times (\frac{1}{2})^2 \cdot \ln (\frac{1}{2})^2 = 4 \times \frac{2}{4} \cdot \ln \frac{1}{2} = 2 \cdot \ln \frac{1}{2}$ (1. Fall) und $\frac{1}{2} \ln + 4 \times \frac{1}{8} \cdot \ln \frac{1}{8} = \frac{1}{2} \cdot \ln \frac{1}{2} + 4 \times (\frac{1}{2})^3 \cdot \ln (\frac{1}{2})^3 = 2 \cdot \ln \frac{1}{2}$ (2. Fall). Es gibt auch weitere Kombinationen, z. B. $\frac{1}{2} \ln \frac{1}{2} \frac{1}{2} + \frac{1}{4} \ln \frac{1}{4} + 4 \times \frac{1}{16} . \ln \frac{1}{16} = 2 \cdot \ln \frac{1}{2}$ und vielleicht auch noch andere.

Bei den Literaturhinweisen im Text und im Literaturverzeichnis hat man auf manchen Seiten den Eindruck, man würde ein Umbruchexemplar lesen, es scheinen alle Variationen ausgeschöpft zu sein, die vorstellbar sind: fehlende Zitate, die im Text aufgeführt sind (ob der umgekehrte Fall auch auftritt, ist nicht ohne weiteres überprüfbar, aber denkbar), Nichtunterscheidbarkeit von Jahrgang und Heft-Nr., Zitate ohne Jahrgang, ohne Seitenzahl. auch solche ohne Jahr, ohne Jahrgang und ohne Seitenzahl, fehlende Angaben über die Herausgeber von Monographien, Verlagsangaben, falsche Eigennamen usw. usw. Diese Palette der Unkorrektheiten gilt übrigens auch für die Literaturhinweise der eigenen Arbeiten des Autors. Daß die Abkürzungen der Vornamen ohne Punkte angegeben werden, entspricht zwar nicht den üblichen Gepflogenheiten (und ist auch in der 1. Auflage nicht angewandt worden), sei aber dahingestellt — einen Bibliographen dürfte es gewiß nicht erfreuen. Daß aber auch die Abkürzungen der Vornamen selbst noch variiert werden, ist einfach unzulässig, z.B. *Ehrlich P*, *Ehrlich P R*, *Ehrlich R*. Mit welch berechtigter Skepsis man die insgesamt 429 Zitate und 12 Hinweise für zusammenfassende Darstellungen des Gebietes aufsucht, ist leicht zu erraten. Inwiefern einem Lernenden durch dieses Lehrbuch deutlich wird, daß sich in Ökosystemen die stofflichen Zu- und Abflüsse gegenseitig ausgleichen oder auch nur begrenzen, ist nicht ohne weiteres zu erkennen; dazu müßte vieles klarer gesagt werden. Es ist eine löbliche Absicht, ein Lehrbuch der Ökologie zu schreiben — dies dürfte allerdings in der vorliegenden Auflage bei weitem nicht d a s Lehrbuch der Ökologie sein.

H. Hübner

organs. The differences in the distribution in exposed animals are characteristic for changes evoted by ionizing radiation as compared with field controls.

и выделения. Этот факт оказывает влияние на накопление радиойода во всех органах. Разницы в дистрибуции у облученных животных характерны для изменений, вызванных ионизирующим излучением.

F. H. Abou El Nour, N. A. Belacy

Binary Supported Nickel Catalysts for the Deuterium Exchange Reaction between Hydrogen and Water Vapour (*in English*)

Isotopenpraxis 18 (1982) No. 4, p. 131 to 132
– Fig., 3 Tab., 15 Ref.

Nickel catalysts supported by Fe_2O_3, CuO, MnO and CeO were prepared from the corresponding metal nitrates. Chemical treatment of the catalysts was carried out at room temperature, while thermal treatment was made at 350 °C. The total surface area of the catalysts was measured by nitrogen adsorption at −195 °C using the BET-equation. The specific metallic surface area was measured by hydrogen chemisorption at liquid nitrogen temperature. The activity of the catalysts as tested for the isotopic exchange reaction of deuterium between hydrogen and water vapour. The results obtained showed that Ni-Fe_2O_3, Ni-CuO and Ni-MnO catalysts exhibit catalytic activity for the deuterium exchange between hydrogen and water vapour, while the catalyst supported with CeO has no activity for such an isotopic exchange reaction.

Ф. Х. Абу-Эль-Нур, Н. А. Бедаци

Двукомпонентные никелевые катализаторы для обмена дейтерия между водородом и водным паром (*на англ. языке*)

Isotopenpraxis 18 (1982) вып. 4, стр. 131 до 132
– рис., 3 табл., 15 лит.

Из соответствующих металлонитратов были изготовлены никелевые катализаторы с Fe_2O_3, CuO, MnO и CeO в качестве носителей. Химическая обработка катализаторов выполнялась при комнатной температуре, а термическая обработка – при температуре 350 °C. Общая поверхность катализаторов определилась с применением уравнения БЭТ на основании адсорбции азота при температуре −195 °C. Специфическая металлическая поверхность определилась методом химосорбции при температуре жидкого азота. Проверялась активность катализаторов в отношении реакции обмена изотопов дейтерия между водородом и водным паром. Полученные результаты показывают, что в отношении обмена дейтерия между водородом и водным паром катализаторы Ni-Fe_2O_3, Ni-CuO и NiMnO являются активными в то время, когда катализатор с CeO в качестве носителя в отношении этой реакции изотопного обмена не имеет каталитической активности.

G. Christoph

Thermodynamic Isotope Effects in Silicates
Part I. Formulation of an Increment Method for the Interpretation and Prediction of General Trends of Isotope Exchange Equilibria in Silicates

Isotopenpraxis 18 (1982) No. 4, p. 133 to 139
3 Fig., 2 Tab., 8 Ref.

Expressions for δ^*X isotope equilibrium values of chemical compounds AX_n have been deduced and discussed for natural isotope variations of light elements X. The used increment approximation is justified by experimental results. Applications and limits of the method are discussed In particular the method has been used for several silicic acids and their salts. The dependences of $\delta^{18}O$ values on chain length, degree of polymerisation, degree of substitution Si/Al, cations and included OH^- anions are stated and discussed.
In the same way trends for $\delta^{30}Si$-values in silicates are deduced.

Г. Кристоф

Термодинамические изотопические эффекты в силикатах
Часть I: Формулирование метода приращений для интерпретации и предсказания общих тенденций образования баланса изотопного обмена между силикатами

Isotopenpraxis 18 (1982) вып. 4, стр. 133 до 139
3 рис., 2 табл., 8 лит.

Обсуждаются выведенные в отношении естественных вариаций изотопов легких элементов X выражения применительно к значениям σ^*X химических соединений AX_n. Применяемое приближение приращений поддерживается результатами экспериментов. Обсуждаются области применения и пределы применения данного метода.
В частности, этот метод нашел применение по отношению к различным кремневым кислотам и их солям. Излагаются и обсуждаются зависимости значений $\delta^{18}O$ от длины цепей, степени поликонденсации, степени замещения Si/Al, а также влияния катионов и анионов. OH^-. Таким же образом выводятся тенденции применительно к значениям $\delta^{30}Si$ в силикатах.

H. Rothe, H. Greupner, R. Brust, E. Schönfeld, A. Szoerenyi, A. Zsinka, M. Csikos

Competitive Measurement of Activity Concentration of ^{57}Co and ^{133}Ba as Dissolved Radionuclides, Performed by ASMW, of Berlin, and OMH, of Budapest

Isotopenpraxis 18 (1982) No. 4, p. 140 to 144
6 Fig., 3 Tab., 6 Ref.

In the years 1977 to 1980, ASMW, of Berlin, and OMH, of Budapest in the framework of common investigations in order to determine the activity unit of electron-capture emitters conducted competitive measurement of the activity concentration of dissolved radionuclides ^{57}Co and ^{133}Ba. The used measuring appliances and methods, as well as the yielded results are reported. The deviations of values obtained in both institutions are well within the error of measurement. They are 0.35 per cent for ^{57}Co and 0.3 % for ^{133}Ba.

Х. Роте, Х. Гройпнер, Р. Бруст, Э. Шенфельд, А. Серени, А. Чинка, М. Чикошь

Сравнительное измерение концентрации активности растворов радионуклидов ^{57}Co и ^{133}Ba, выполняемое АСМВ в г. Берлине и ОМХ в г. Будапеште

Isotopenpraxis 18 (1982) вып. 4, стр. 140 до 144
6 рис., 3 табл., 6 лит.

В 1977 по 1980 гг. АСМВ в г. Берлине и ОМХ в г. Будапеште в рамках совместных исследований по разработке измерительных устройств для определения единицы активности излучателей по захвату электронов выполнили сравнительные измерения концентрации активности растворов радионуклидов ^{57}Co и ^{133}Ba. Докладывается о применившихся измерительных устройствах и методах измерения, а также о полученных результатах. Отклонения полученных в обеих организациях значения концентрации активности хорошо совмещаются в пределах погрешности измерения. Они составляют 0,35 % по ^{57}Co, и 0,3 % по ^{133}Ba.

M. Šimková, D. Kuchyňka

Study of Steel Corrosion by Application of Neutron Activation Analysis (*in English*)

Isotopenpraxis 18 (1982) No. 4, p. 144 to 145
– Fig., Tab., 9 Ref.

For the study of the precise corrosion process a method of neutron instrumental activation analysis for evaluating of constructional material usability in various chemical industry equipment was used. Steel specimens having a size of 20 mm × 15 mm × 0.3 mm were irradiated in a

М. Шимкова, Д. Кухынька

Исследование коррозии стали методом нейтронно-активационного анализа (*на англ. языке*)

Isotopenpraxis 18 (1982) вып. 4, стр. 144 до 145
– рис., – табл., 9 лит.

Для оценки пригодности материалов для различных видов оборудования химической промышленности выполнены исследования в отношении подробного выяснения процесса коррозии, для чего применялся метод нейтронно-активационного анализа. Стальные пробы

reactor VVR-S during 80 hours at a neutron flux of 2×10^{17} n m^{-2} s^{-1}. The cooling time before starting the corrosion experiment was one month. The corrosion tests were performed according to a Czechoslovak Standard. Liquid portions of the corrosion medium taken during the corrosion process were measured gamma-spectrometrically. The experiments gave evidence that in the initial stage of corrosion the compounds of metal are dissolving unequable. In the next phase a steady state is set up, but in many cases the disproportion in solubility of the compounds lasted on. In practice it is very important to know corrosion speed and ratio in a steady state.

размером $20 \times 15 \times 0{,}3$ *мм* в течение 80 часов в реакторе типа ВВР-С подвергались облучению нейтронами потоком 2×10^{17} *нсм*$^{-2}$ *сек*$^{-1}$. Время охлаждения до начала опытов по коррозии составляло один месяц. Данные опыты проводились по нормам УССР. Отобранные в течение процесса коррозии жидкие составляющие коррозионной среды были исследованы методом гамма-спектрометрии. Опыты показали, что растворение компонент металла в начальной фазе проходит неравномерно. В последующей фазе установилось стабильное состояние, однако во многих случаях разница в растворимости компонент сохранялась. В практике очень важно знать скорость коррозии, а также соотношение коррозии в стабильном состоянии.

(Fortsetzung des Inhaltsverzeichnisses)

Zur Einschätzung der Verwendbarkeit von Werkstoffen für verschiedene Ausrüstungen der chemischen Industrie wurden Untersuchungen des detaillierten Korrosionsprozesses mit Hilfe der Neutronen-Aktivierungsanalyse durchgeführt. Stahlproben mit Abmessungen von $20 \times 15 \times 0{,}3$ mm wurden 80 Stunden lang in einem WWR-S-Reaktor mit einem Neutronenstrom von 2×10^{17} n cm^{-2} s^{-1} bestrahlt. Die Abkühlungszeit bis zum Beginn der Korrosionsversuche betrug einen Monat. Die Korrosionsversuche wurden nach CSSR-Normen durchgeführt. Die während des Korrosionsprozesses entnommenen flüssigen Anteile des Korrosionsmediums wurden gamma-spektrometrisch untersucht. Die Versuche zeigten, daß die Auflösung der Metallbestandteile in der Anfangsphase ungleichmäßig erfolgte. In der folgenden Phase trat ein stabiler Zustand ein, jedoch blieb in vielen Fällen die Disproportion in der Löslichkeit der Bestandteile bestehen. In der Praxis ist es sehr wichtig, die Korrosionsgeschwindigkeit und das Korrosionsverhältnis im stabilen Zustand zu kennen.

Contents of this Issue

FSC
www.fsc.org
MIX
Papier | Fördert gute Waldnutzung
FSC® C083411

Kolibri 360 GmbH
Ferdinand-Jühlke-Straße 7
99095 Erfurt, Deutschland
produktsicherheit@kolibri360.de